디스플레이 이야기 1

디스플레이 이야기 1
디스플레이 알아가기

초판 1쇄 발행 2021년 3월 2일
초판 2쇄 발행 2022년 2월 18일

지은이 주병권
펴낸이 최일연
펴낸곳 열린책빵

등록 2020년 11월 26일 제2020-000232호
주소 10521 경기도 고양시 덕양구 무원로 41 905동 701호
전화 (031) 979-2806
팩시밀리 (031) 8056-9306
홈페이지 www.openbookbread.co.kr
전자우편 openbookbread@naver.com

ⓒ 주병권 2021
ISBN 979-11-972783-0-3 03560

※ 이 책의 내용의 전부 또는 일부를 사용하려면
   반드시 저작권자와 열린책빵의 동의를 받아야 합니다.
※ 책값은 뒤표지에 표시되어 있습니다.
※ 저자 인세는 전액 기부됩니다.

디스플레이 이야기

디스플레이 알아가기 **1**

友情 주병권 지음

시작하며 ...... PROLOGUE

오래전부터 정년까지 10년 정도가 남으면, 떠날 준비를 하겠다고 생각했습니다.
산에 오를 때 충분히 내려갈 시간을 고려하듯,
내려가는 것도 여유 있게 준비를 하며 내려가겠다고, 보람과 의미를 찾으면서.
세월이 유수 같아서 서너 해 전에 10년여가 남았더군요.
시작을 하였습니다.

물질 기부와 재능 기부 그리고 지식 기부……
첫 번째 기부, 물질 기부는 진행 중입니다.
아이들과 환경을 향한 기부입니다.
두 번째 기부, 재능 기부도 역시 진행 중입니다.
현장을 다니며, 청소년들과 젊은이들에게 꿈을 주려는 기부입니다.

이제 7년 정도가 남았습니다.
세 번째 기부, 지식 기부입니다. 알고 있는 지식을 전달하고자 합니다.
먼저 '정보 디스플레이' 분야부터 시작합니다.
청소년들, 우리 학부생들, 더해서 일반인들까지 관심을 가질 수 있도록
그리고 기술과 산업 의존도가 큰 우리나라가 경쟁국들의 공세에서 잘 지켜질 수 있도록.

크게, 다섯 개의 주제를 준비하였습니다.

주제 하나, '정보 디스플레이 기술의 개요'에 관한 이야기입니다. 디스플레이 전반을 다룹니다.
주제 둘, '디스플레이의 공통적인 상식과 지식'에 관한 이야기입니다. 원리와 용어, 공통적인 이론을 다룹니다.
주제 셋, '액정 디스플레이'에 관한 이야기로, LCD 이야기입니다.
주제 넷과 다섯, '유기 발광 다이오드'와 '양지점 디스플레이'에 관한 이야기입니다. OLED 이야기들, QD 디스플레이를 설명하고 예측합니다.

앞으로 10년 동안은 이 책이 감싸 안을 수 있기를 바랍니다.
물론, 더 필요하고 더 등장할 가능성이 있는 디스플레이들도 생각 중입니다.

주제에서 잠시 숨을 돌리며 참고하기 위해 노트를 구성하려 합니다.
나는 하루 하나의 노트를 쓰고, 독자들은 하루 하나의 노트를 읽고.
공원에서, 거리에서, 버스에서, 지하철에서 가볍게 읽을 수 있는 쉬운 내용과 편안한 분량으로.
또한 집중과 휴식을 위해 중간중간 핫한 이슈, 쉬어가기 노트도 넣으렵니다.

이제, 시작하죠~

　디스플레이 이야기 시리즈는 총 5권으로 출간할 생각입니다. 이 책은 그 첫 번째 이야기로 '디스플레이 알아가기'입니다. 디스플레이의 기원, 변천과 역사, 분류를 기본으로 다루고, 디스플레이 기술들을 스스로 빛을 내는 자발광형과 비자발광형으로 구분하여 각각에 해당하는 디스플레이들을 알기 쉽게 핵심 위주로 설명합니다.

　음극선관, 전계 방출 디스플레이, 진공 형광 디스플레이, 발광 다이오드, 유기 발광 다이오드, 박막 전계 발광 소자, 플라즈마 디스플레이 패널 등의 자발광형 디스플레이들을 기초 원리부터 동작 기구, 응용까지 짧지만 확실하게 설명합니다.

　그리고 전기 영동 디스플레이와 전자 종이, 액정 디스플레이 등의 비자발광형 디스플레이를 다룹니다. 더불어 증강현실 및 가상현실 시대의 도래와 함께 최근 급격히 관심을 끌고 있는 마이크로 디스플레이 기술도 다룹니다. 마이크로 디스플레이에 적용될 수 있는 기술들, 즉 초소형 전자 기계 장치를 기반으로 하는 MEMS 디스플레이들을 설명하면서 특히 디지털 초소형 미러 소자를 이용한 디지털 광 처리기 기술을 좀 더 깊이 설명합니다. 이와 함께 고온 다결정 실리콘 박막 트랜지스터를 적용한 액정 디스플레이, 실리콘 위의 액정 디스플레이와 실리콘 위의 OLED와 같은 마이크로 디스플레이용 기술들을 다룹니다. 마지막으로 향후 5년에서 10년 이내에 새로이 더 강하게 등장할 디스플레이 기술들을 소개하면서 한국의 디스플레이 산업의 전망과 경쟁력 확보 전략 그리고 의지를 담고 있습니다.

　두 번째 이야기는 '디스플레이 상식과 지식 알아가기'입니다. 이곳에서는 모든 디스플레이들에 공통으로 적용되는 기초 이론과 용어들을 다룹니다. 세 번째 이야기는 '액정 디스플레이 알아가기'입니다. 지금까지의 주류이던 액정 디스플레이를 상세히 설명합니다. 네 번째 이야기는 '유기 발광 다이오드 상식 알아가기'입니다. 새로운 주류로 자리 잡아 가는 유기 발광 다이오드를 자세히 서술합니다. 다섯 번째 이야기는 '유기 발광 다이오드와 양자점 디스플레이 지식 알아가기'입니다. 유기 발광 다이오드를 좀 더 상세히 기술하고, 차세대 디스플레이인 양자점 디스플레이를 설명합니다.

앞으로 6개월 기간을 두고 출간될 2권부터 5권까지도 기대를 부탁합니다. 이처럼 디스플레이 이야기 시리즈는 각각 100페이지 남짓으로 휴대용으로 편하게 출간되며, 정보 디스플레이에 관심이 있는 학생과 일반인들이 볼 수 있도록 내용을 구성합니다. 이 책들은 학부와 대학원 교재로도 사용할 수 있습니다. 사실 5권까지로 정한 이유는, 우리 학교의 경우 학부 4학년 1학기부터 대학원 석사 과정 4학기까지 총 5학기 동안 학기마다 1권씩 '정보 디스플레이 기술'을 알아가는 교재로 사용하기 위해서입니다. 이 책들을 수업에서 교재로 사용할 경우, 학기별 교재 1권마다 총 14회 강연할 수 있는 강의 교안도 파일로 함께 제공됩니다. 5권까지 발행이 완료되면 총 70회분의 강의 노트가 제공될 것입니다.

이 책을 읽거나 공부하는 방법은 다음과 같습니다. 먼저, 그냥 편히 읽어 가면 됩니다. 그러면서 저자의 블로그에서 '디스플레이 공부' 메뉴를 함께 이용하면 많은 도움이 될 것입니다. 이 책은 '디스플레이 공부' 메뉴에서 코너 1)에 해당됩니다. 각각의 세부 주제는 코너 1)의 노트 1-1)부터 노트 1-26)까지 볼 수 있으며, 블로그에는 관련 링크들과 연동이 됩니다. 그리고 각 노트에서 댓글을 통해 저자와 의견을 교환할 수 있으며, 블로그의 이웃 메뉴들에도 도움이 되는 다양한 이야기들을 찾아볼 수 있습니다. 각 노트들은 수시로 업그레이드되어 부족한 부분은 수정 보완될 것입니다. 최근의 이야기, 수식과 이론 문제의 제시와 풀이, 더 알면 도움이 되는 내용들로 이어지고 확장될 것입니다. 블로그의 '디스플레이 공부' 메뉴 코너 2)부터 코너 5)까지는 디스플레이 이야기 시리즈의 2권부터 5권까지의 준비된 내용들이고, 코너 6)은 저자의 연구실이 삼성 디스플레이와 함께 연구하고 있는 내용들 중에서 공개가 가능한 부분들을 편하게 오픈하고 있습니다.

당초에는 본 내용을 집필용이 아닌 블로그를 통한 지식 기부용으로 서술하였기에 마음 편히 여러 사이트를 인용하였습니다. 하지만 책으로 출간하기 위해서 글도 새로 다듬고 그림도 다시 그리며 중복이나 표절 방지에 최선을 다하였습니다. 혹여 미흡한 점이 있다면 한시라도 저자나 출판사에 알려 주시기 바랍니다. 원고 작성은 모두 저자가 하였으며, 작성 과정에서 S사의 두 분 연구원께 내용 확인을 받았습니다. 초안 완성 후에는 저자 연구실의 대학원생인 박수종, 이승원, 최광욱, 황영현 박사 과정들 그리고 최민정 석사 과정에게 편집과 교정 등을 부탁하였습니다. 도움을 주신 이들께 감사드립니다. 이 책을 통한 수익에서 도움을 주신 이들께 인세의 일부가 전달될 것이며, 특히 저자에게 주어지는 인세는 전액 불우 아동과 환경 보호를 위해 사용될 것입니다.

이상, 지식 기부와 모두의 행복으로 가는 길의 동참에 감사드립니다.

2021년 1월, 저자
블로그, blog.daum.net/jbkist
전자메일, bkju@korea.ac.kr

 블로그 QR 코드

병상에서의 상념

다가오는 병을 맞이하느라

병상에 누우면

일상의 번거로움은 잊혀져 가고

지나간 날들의 생채기가 다시 도진다

쓸쓸히 떠나간 이의 뒷모습과

사랑하는 이들이 겪은 아픔이 가슴을 누르고

이렇듯 눈을 감고

살아온 긴 여정을 되돌아보면

몸이 아픈 건지 마음이 아픈 건지 혼미해진다

창 밖에는 봄비가 오듯이

눈이 녹아 흐르는 소리가 들려오고

곁자리에는 아지랑이라도 피어오르는 듯

막연한 따스함에 손길을 더듬어 본다

언제나 텅 빈 그 자리는

딛고 올라갈 층계참으로 채워졌고

이제는 그 길을

내려가야 할 때인가 보다

잘 딛고 올라간 발걸음이
잘 딛고 내려올 수 있을까

더 오르지 못하는 길을 뒤로 하고 내려오는 길
이제는 그 길을 돌아오며
서둘러 오르느라 미처 머물지 못하였던
작고 어두운 곳을 돌아보아야겠다

그곳에서는
미처 찾지 못한 아름다움이 있을 것이고
혹은 지고 살아온 크고 작은 등짐들을
내려놓을 작은 여유라도 찾을 수 있을 것이다

쓸쓸히 떠나간 이와 마주할 수도 있을 것이고
행여나 사랑하는 이들이 겪은 아픔을
내 아픔과 함께 다독일 수도 있을 것이다

BK

디스플레이 이야기들

4 시작하며…	6 알아가기	8 병상에서의 상념
25 전자 디스플레이 진화의 현재	33 디스플레이 분류	36 어떤 디스플레이들이 있을까?
56 발광 다이오드(LED)	60 유기 발광 다이오드 (OLED)	64 박막 전계 발광 소자 (TFELD)
79 전기 영동 디스플레이 (EPD) 그리고 전자 종이	83 액정 디스플레이 (LCD)	86 그 밖의 비자발광, 직시형 디스플레이들
104 고온 다결정 실리콘 TFT LCD(HTPS TFT LCD)	106 실리콘 위의 액정 (LCoS)	108 실리콘 위의 OLED (OLEDoS)

12 먼저, 잔소리	15 인적자원의 힘	18 디스플레이의 기원, 역사적 흐름
43 음극선관(CRT)	49 전계 방출 디스플레이 (FED)	53 진공 형광 디스플레이 (VFD)
67 전계 발광(EL) 동작 기구들	69 플라즈마 디스플레이 패널(PDP)	73 그 밖의 자발광 기구와 디스플레이 응용
91 마이크로 디스플레이 이야기	96 MEMS 디스플레이 이야기	102 디지털 광원 처리기 (DLP)
110 기다려지는 디스플레이들	116 한국의 디스플레이 산업, 선두 지키기	

먼저, 잔소리

돈이 있어야만 행복한 것은 아닙니다. 다만 행복하기 위해서는 돈이 필요합니다. 나라도 국민도 마찬가지입니다. 윤택하고 행복하게 살기 위해서는 어느 정도 개인의 형편도 나라의 경제도 좋고 안정되어야 합니다. 열심히 일하고 저축해야 돈도 벌 수 있고 경제도 좋아지겠지요. 이에 더해 미리 쌓아 둔 것이 있고, 혹은 다소 안정된 소득원이 있다면 도움이 되겠지요. 개인으로 치면 유산이나 월세를 받을 수 있는 공간 정도일 것이고, 나라로 치면 역사적인 유적 같은 관광자원이나 석유 같은 지하자원이나 농사를 짓기에 좋은 기후와 땅 같은 것들입니다. 이런 것들이 있으면 기본적인 살림이나 생계가 좀 더 잘 안정될 수 있습니다.

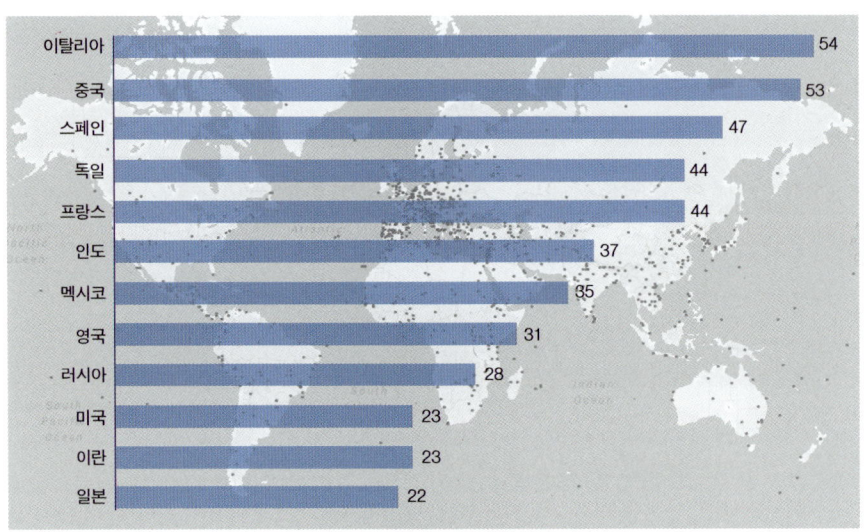

나라별 유네스코 세계유산(UNESCO, 2018년 9월)

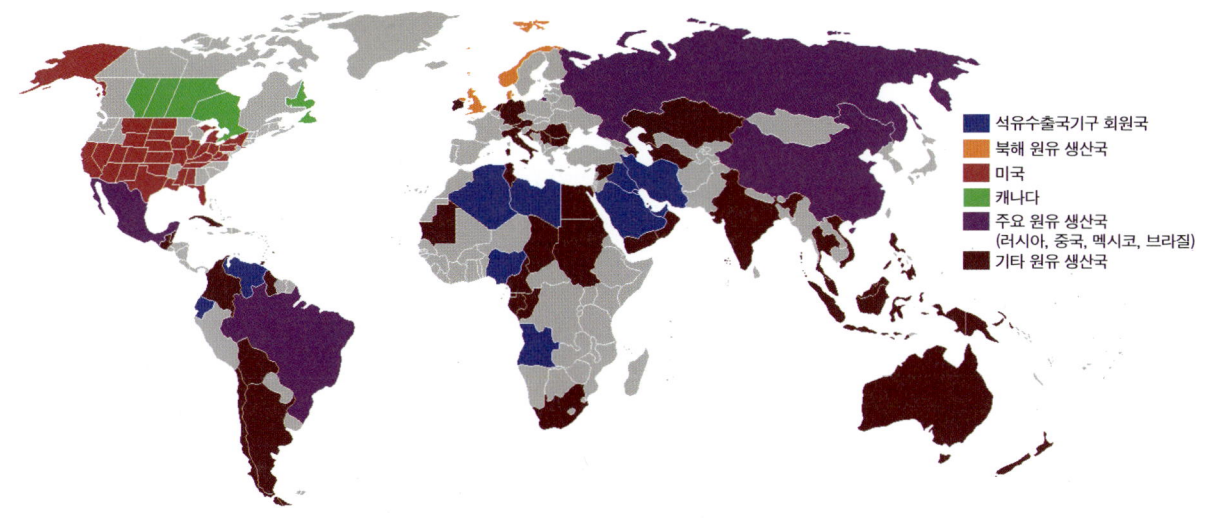

- 석유 생산국(위키백과)

이런 관점에서 볼 때 우리나라는 썩 좋은 여건이 아닌 듯합니다. 유네스코 세계유산이나 지하자원을 많이 보유한 나라는 이탈리아, 중국, 스페인, 독일, 프랑스, 영국, 러시아, 미국과 같은 나라들로, 유네스코 세계유산만 보더라도 이들 나라는 대략 수십 개를 가지고 있고, 우리나라는 열 개 정도 가지고 있습니다. 그 열 개라 하더라도 관광 가치가 높아서 외국인들이 멀리서 찾아오는 정도까지는 아닙니다. 지하자원 중 석유만 보더라도 중동·미국·러시아는 물론이고, 남미·아프리카에도 여러 나라가 보유하고 있고, 심지어 미국 에너지 정보청 데이터를 보면 동남아 국가들, 중앙아시아의 '~스탄'이라는 이름이 붙는 나라들, 북유럽 국가들까지도 석유 생산지로 표기가 되어 있습니다. 하지만 우리나라는 아직 무소식입니다. (물론 울산에서 남동쪽으로 58km 떨어진 울릉분지 내에 있는 동해 가스전에서 천연가스와 석유가 생산되고 있기는 하지만 지극히 적은 양입니다.) 그렇다고 다른 고부가가치의 지하자원이 특별히 매장되어 있는 것도 아니고, 또 농사를 지을 수 있는 비옥한 땅이 넓게 있는 것도 아닙니다. 아, 관광자원도 지하자원도 땅도 숲도 물도 넉넉지 못한 우리나라, 만만치 않은 여건입니다.

그런데 늘 반전이 있지요. 우리는 누구도 가지지 못한 자원, 대대손손 이어 내려오고 앞으로도 이어갈, 고갈될 우려도 빼앗길 걱정도 없는 그런 자원이 있습니다. 바로 인적자원Human Resource입니다! 대륙의 한쪽 귀퉁이 반도에서 지금도 세계열강의 한 축인 중국과 일본과 러시아의 틈바구니에서 반만년이란 긴 세월을 꿋꿋이 지켜온 민족입니다! 우리의 땅과 하늘, 핏줄을 지키고 이어올 수 있었던 우리의 능력입니다! 늦게 들어온 문물, 암담했던 일제강점기, 전쟁의 폐허, 이 모든 악조건에서도 지금의 산업 대국을 만들어 온 우리의 저력입니다! 이것이 대한민국의 인적자원의 힘입니다! 긴 세월과 함께 지난 50여 년간 우리가 얼마나 대단했는지, 인적자원을 통해 얼마나 훌륭한 산업 강국이 되었는지, 이야기를 풀어 가 볼까요?

더 생각해보기

- 한국, 이 훌륭한 인적자원을 어떻게 활용해야 할까?
- 나는 어떤 면에서 가족과 사회, 대한민국에 기여할 수 있을까?

인적자원의 힘

구한말, 우리나라는 외국 문물의 문을 여는 데 늦었습니다. 그에 따라 제국주의 열강들의 제물이 되고, 급기야는 일제에 나라를 빼앗겼습니다. 일제강점기가 끝나고 다시 혼돈의 몇 년이 지나고 난 뒤 한국전쟁이 일어났습니다. 그야말로 폐허만 남았죠. 제로의 상태에서 우리나라는 방직·섬유 산업을 필두로 시멘트, 비료, 정유 등 산업화의 동력을 당겼습니다. 그리고 50여 년이 지난 현재, 우리나라의 산업은 어디까지 와 있을까요?

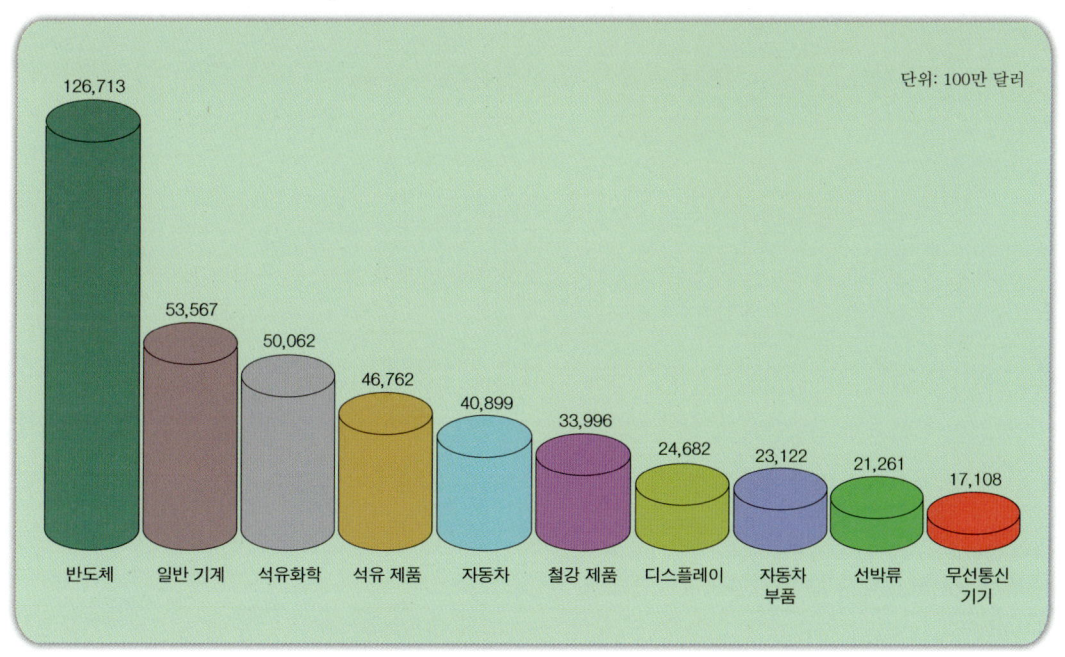

주요 품목별 수출액 및 순위(산업통상자원부, 2018)

국가	1위	2위	3위	계
미국	18	23	17	58
일본	11	9	14	34
한국	8	7	5	20
중국	8	7	5	20
독일	2	2	2	6
스웨덴	2	0	2	4
스위스	2	0	1	3

국가별 시장점유율 품목 수
(일본경제신문사, 2016년 5월)

근거 자료와 분석 방법이 광범위하고 다양해서, 일단 '일본경제신문사'가 매년 발표하는 50개 세계 일류 품목의 순위와 제품 관련 데이터를 살펴보겠습니다. 물론 저자의 주관적인 견해일 우려도 있지만, 여하튼 기술적 난이도가 높으면서도 시장 규모가 큰 50개의 품목에서 한국은 대략 8개 품목에서 시장점유율 1위를 차지하고 있습니다. 미국이 20개 정도로 압도적으로 높고, 일본은 한국보다 1~2개가 많은 2위입니다. 그리고 중국은 한국과 오차 범위 내에서 동률을 이룹니다. 5위부터는 독일, 스웨덴, 스위스 등인데, 한국과는 어느 정도 간격이 있습니다.

한국이 1위인 품목은 주로 액정 디스플레이Liquid Crystal Display, LCD와 유기 발광 다이오드Organic Light Emitting Diode, OLED, 메모리 소자인 DRAMDynamic Random Access Memory, 낸드 플래쉬, SSDSolid State Drive, 시스템 반도체 등 디스플레이와 반도체 관련 품목들이며, 이와 함께 스마트폰과 TV입니다. 스마트폰과 TV의 주력 부품이 디스플

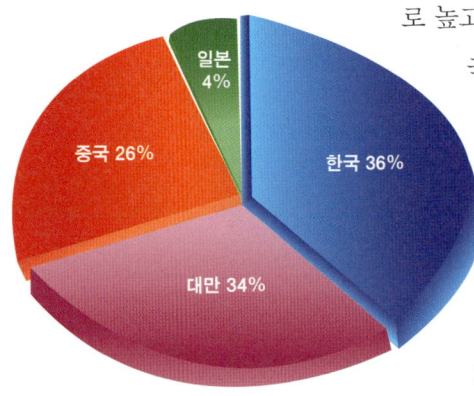

국가별 대형 디스플레이 시장점유율
(IHS 마킷, 2017)

레이와 반도체이니 당연히 1위겠죠. 여기서 두 가지를 짚어 볼 수 있는데, 하나는 한국 산업의 주력이 디스플레이와 반도체라는 점이고, 반세기라는 짧은 기간 동안 세계 3위의 산업 강국이 되었다는 점입니다. 물론, 아전인수격인 해석일 수 있지만, 진실 쪽에 더 무게가 실려 있다고 볼 수 있습니다. 만일, 이 글을 읽는 젊은이들이 있다면, 부모님이 스마트폰 어플에 익숙하지 않다고 놀리지 마세요. 부모님은 스마트폰을 개발하고 만든 세대이니까요.

산업 분야를 잠시 떠나서, 다른 분야로 돌려 볼까요. 2019년에는 FIFA U-20 월드컵에서 우리의 젊은 축구 선수들이 아르헨티나, 일본, 세네갈 등을 꺾고 4강에 진출하였습니다. BTS의 웸블리 공연은

세계를 흔들었고요. 이미 세계에서도 신화로 인정받는 우리의 한국인들을 생각나는 대로 꼽아 볼까요. 축구의 차범근, 야구의 박찬호, 피겨의 김연아, 골프의 박세리는 최초, 성공이라는 단어의 글로벌 대명사로 스포츠계의 레전드입니다. 지금도 손흥민의 골은 네트를 흔들고 있으며, 류현진의 투구는 메이저 타자들을 주눅 들게 합니다. 반도의 끝, 반으로 잘린 나라, 열강들의 숲 가운데 그리고 체력의 상당 부분을 준전장에 투입해야 하는, 세계에서도 몇 안 되는 나라가 배출한 인적자원의 힘입니다. 나는 아직 종교를 가지지 않았습니다. 그럼에도 감히 단언하기를, 우리 한민족 정도의 우수성에 접근할 수 있는 민족은 유대인 정도가 유일하지 않을까, 그들의 역사와 현재를 보면서 생각해 봅니다. 조금 옆길로 샜습니다. 이제, 디스플레이의 세계로 좀 더 들어가 볼까요.

더 생각해보기
- 한국의 산업은 어떻게 발전해 가야만 할까?
- 우리 민족이 가진 대표적인 역량은 무엇이고, 이를 한국의 발전과 어떻게 연계시켜야 할까?

디스플레이의 기원, 역사적 흐름

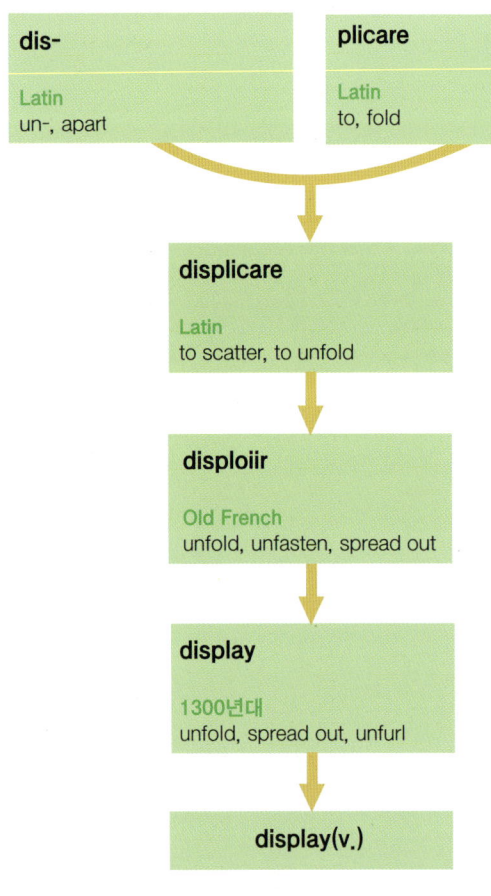

디스플레이 어원

디스플레이의 어원은 라틴어인 Displico 또는 Displicare로, 그 의미는 '보이다', '펼치다', '진열하다' 등입니다. 이렇듯 디스플레이는 '전시 및 진열'이라는 의미로 가장 흔히 쓰입니다. 하지만 전자공학에서는 '표시 장치'라는 뜻으로서 각종 전자기기의 다양한 정보를 전달하는 출력장치를 의미합니다. 보여 주어야 할 '정보'가 '디스플레이 장치'를 거쳐 우리 눈을 통해 인지되는, '정보 디스플레이'라는 의미입니다.

TV, 스마트폰, 모니터, 태블릿과 같은 디스플레이 장치로 점철된 요즘의 디지털화된 세상에서 디스플레이가 없다면 불편을 넘어 문명의 존속 자체가 흔들릴 수도 있을 만큼, 그 중요성은 날이 갈수록 커지고 있습니다.

그럼, 이제부터 우리 삶에 이렇게 중요한 디스플레이를 기원을 시작으로 역사적 흐름까지 짚어 보겠습니다.

최초의 디스플레이, 스페인 알타미라 동굴벽화

스페인에 있는 알타미라 동굴벽화는 구석기 시대(기원전 15,000년경)의 유적으로, 사람들이 야생 동물의 뼈를 가지고 그린 암벽화입니다. 예술계에서는 이 벽화를 인류 최초의 회화로 보고 있고, 역사학계에서는 이 벽화를 성공적인 사냥 등을 기원하기 위한 종교적 의미가 있다고 해석합니다. 정보 디스플레이 관점에서 보면 이 벽화는 인류 최초의 디스플레이 활동이라고 할 수 있습니다. 이미지 정보를 다른 사람에게 전달하는 기능으로서 회화의 첫 등장이기 때문이죠. 일만 년이 넘는 긴 시간을 지나 현대를 살고 있는 우리에게 당시의 생활상에 대한 정보를 제공하기 때문에 가장 오래된 인류의 디스플레이라고 볼 수 있습니다.

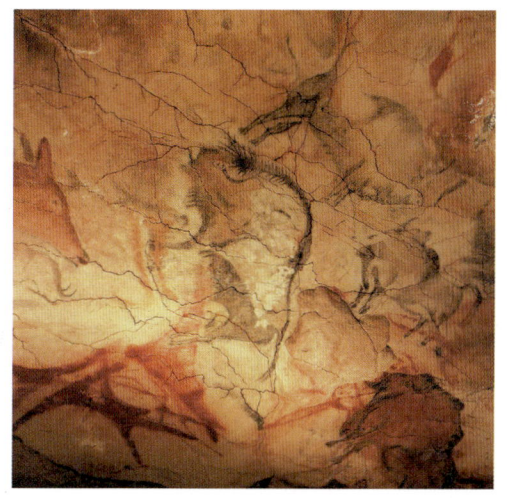

알타미라 동굴벽화
예술계에서는 이 벽화를 인류 최초의 회화로 보고 있지만, 정보 디스플레이 관점에서 본다면 인류 최초의 디스플레이 활동이라고 할 수 있다. (UNESCO World Hertiage Centre)

지식 전달의 혁명, 파피루스·종이의 발명

인류는 지식의 전달과 축적을 통해 문명을 발전시켜 왔습니다. 그 과정에서 기록과 보관은 무척 중요한 요소였습니다. 석판이나 점토판과 같이 기록과 관리가 어려운 방법에서 벗어나 파피루스와 양피지를 활용하였고, 이어 현재까지도 유용하게 사용 중인 종이를 발명하기에 이릅니다. 특히 종이의 발명은 지식의 폭발적 증가와 확산을 가능하게 한 지식 혁명이었습니다. 종이의 발명으로 문명은 발전에 가속 페달을 단 것이죠.

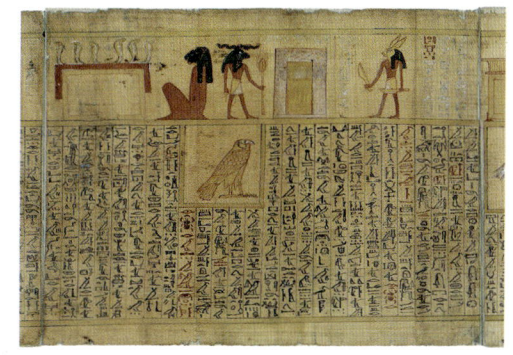

파피루스
고대 이집트 사람들은 파피루스에 그림과 문자로 정보를 남겼다. (Wikimedia Commons)

있는 그대로를 표현하다, 사진의 발명

현존하는 최초의 사진
'르 그라의 창가에서 본 조망(View from the Window at Le Gras)',
조제프 니세포르 니에프스(TIME)

인류는 문자와 그림을 종이에 적고 그려 넣을 수는 있었지만, 자연이나 사물의 있는 모습 그대로를 담아내는 기술은 사진이 등장하기 전까지는 없었습니다. 이를 가장 유사하게 표현하는 방법이 리얼리즘 기법의 회화 정도였죠. 하지만 1826년에 프랑스인 조제프 니세포르 니에프스Joseph Nicéphore Niépce가 금속판 위에 상을 정착해 세계 최초로 사진을 만들어내는 데 성공합니다. 창밖을 바라보며 8시간 노출을 통해 얻은 최초의 사진이었죠.

니에프스의 발명에 이어 1831년에 루이 다게르L. J. M. Daguerre는 더욱 진일보한 사진술 발명을 이어 나갔습니다. 그는 1837년에 촬영·현상·정착의 프로세스를 완성해 화상을 영구적으로 고정시키는 방법을 고안하였고, 이 프로세스를 다게레오타입Daguerreotype이라 이름 붙였습니다. 이 후에 사진 기술은 급격히 발전하여 필름카메라가 대중화되었으며, 현재는 디지털카메라 또는 휴대폰 카메라를 통한 사진 촬영이 일상의 한 부분으로 자리 잡았습니다.

다게로타입의 사진
'탕플 대로(Boulevard du Temple)', 루이 다게르(TIME)

디스플레이로서 사진은 사물을 있는 그대로 보여 준다는 점에서 획기적인 발명이었습니다. 초기의 사진술은 과학적 측면에서 주로 다루어졌는데, 그 시대의 많은 초상화가들은 순식간에 자신들을 대체해 버릴 사진 기술에 상당한 두려움을 느꼈다고 합니다. 프랑스의 역사화가 폴 들라로슈$^{Paul\ De\ La\ Roche}$가 "회화는 죽었다."라고까지 말했을 정도니까요. 하지만 사진과 회화는 상호 보완적이고 경쟁적으로 발전해 왔고 대량 출판 기술로도 이어졌습니다. 이처럼 '표현 방식', 즉 '디스플레이 방식'의 변화가 사회와 예술에 미치는 영향은 상당했다고 볼 수 있습니다. 당시 사진 기술은 위대한 기술로 인정받았지만, 아직은 멈춰 있는 장면을 보여 줄 뿐이었습니다. 움직이는 표현은 프락시노스코프^{Praxinoscope} 같은 형태로만 존재했으니까요.

움직임을 담아내다, 영사기(映寫機, Movie Projector)의 발명

1895년 12월 29일, 프랑스 파리의 한 카페에 모인 수십 명의 관객들은 조명이 꺼지자 갑자기 자리에서 일어나 뒤로 도망치기 시작했습니다. 이 카페에서 무슨 일이 일어난 것일까요? 지금으로부터 125년 전 프랑스의 뤼미에르 형제$^{Nicholas\ Lumière,\ Jean\ Lumière}$는 세계 최초의 영화 '기차의 도착'을 이 카페에서 상영하였습니다. 관객들은 이 영화 속에서 기차가 앞으로 다가오는 모습을 보자 실제로 자신들에게 오는 것으로 착각했던 것이죠. 움직이는 영상을 처음 본 관객들이니 오죽했겠습니까?

1889년에 미국의 에디슨이 최초의 영사기인 키네토스코프^{Kinetoscope}를 발명했습니다. 키네토스코프는 지금처럼 커다란 화면으로 영화를 볼 수 있는 것은 아니었습니다. 작은 구멍을 통해 한 명씩 들여다보아야 하는 방식이었죠. 하지만 움직이는 사진, 즉 영상을 처음 접한 이들은 이것을 들여다보는 것조차 대단히 놀라운 구경이었다고 전해집니다. 이후 여러 사람이 볼 수 있는 방식의 영사기가 동시

다발적으로 발명되기 시작했고, 가장 널리 알려진 영사기로는 앞서 영화 '기차의 도착'을 제작한 뤼미에르 형제의 '시네마토그래프Cinématographe'입니다. 그림과 같은 시네마토그래프의 등장을 통해 본격적인 대중 영화 시대가 열리게 됩니다.

지금까지 동굴벽화를 시작으로 종이, 사진, 영사기까지 정보 디스플레이가 어떻게 시작되었고 변화했는지 알아보았습니다.* 이제부터는 20세기에 이르러서야 본격적으로 등장하는, 우리가 현재 접하는 디스플레이 장치들에 대해 살펴봅니다. 바로 디스플레이 변천사입니다. 여기서 잠깐, 디스플레이의 정체를 간단히 짚어 보고 가겠습니다.

뤼미에르 형제의 시네마토그래프
(Museé des arts et métiers)

*삼성 디스플레이 블로그에서 참조하였습니다.

인간과 기계를 연결하는, 인터페이스

기원에서 보았듯, 정보 통신의 세계에서 디스플레이는 가장 끝에 위치합니다. 즉, 센서 등에 의해 취득된 신호 또는 정보는 네트워크를 통하여 전달이 되고, 마지막에 디스플레이로 우리에게 보여지는 것이죠. 독일의 대문호이자 색채 심리의 전문가이기도 한 괴테는 그의 저서 ≪색채론Theory of Colours≫에서 다음과 같이 말했습니다.

"인간은 정보의 80%를 시각에 의존하는데, 그 대부분은 색채로 이루어져 있다."

이와 같이 인간의 오감 중 하나인 시각으로 오는 정보가 80%이니 눈으로 오는 정보가 거의 대부분이라고 할 수 있습니다. 디스플레이를 통해 시각에 정보가 입력되는 셈이죠. 요즘에는 디스플레이 화면상의 터치를 통해 정보를 보기도 하고, 보내기도 하니 '입출력 장치'라는 명칭이 더 어울리겠습니다. 여하튼 디스플레이는 인간과 정보, 기계 등을 연결하는 인터페이스human-machine interface임에는 틀림

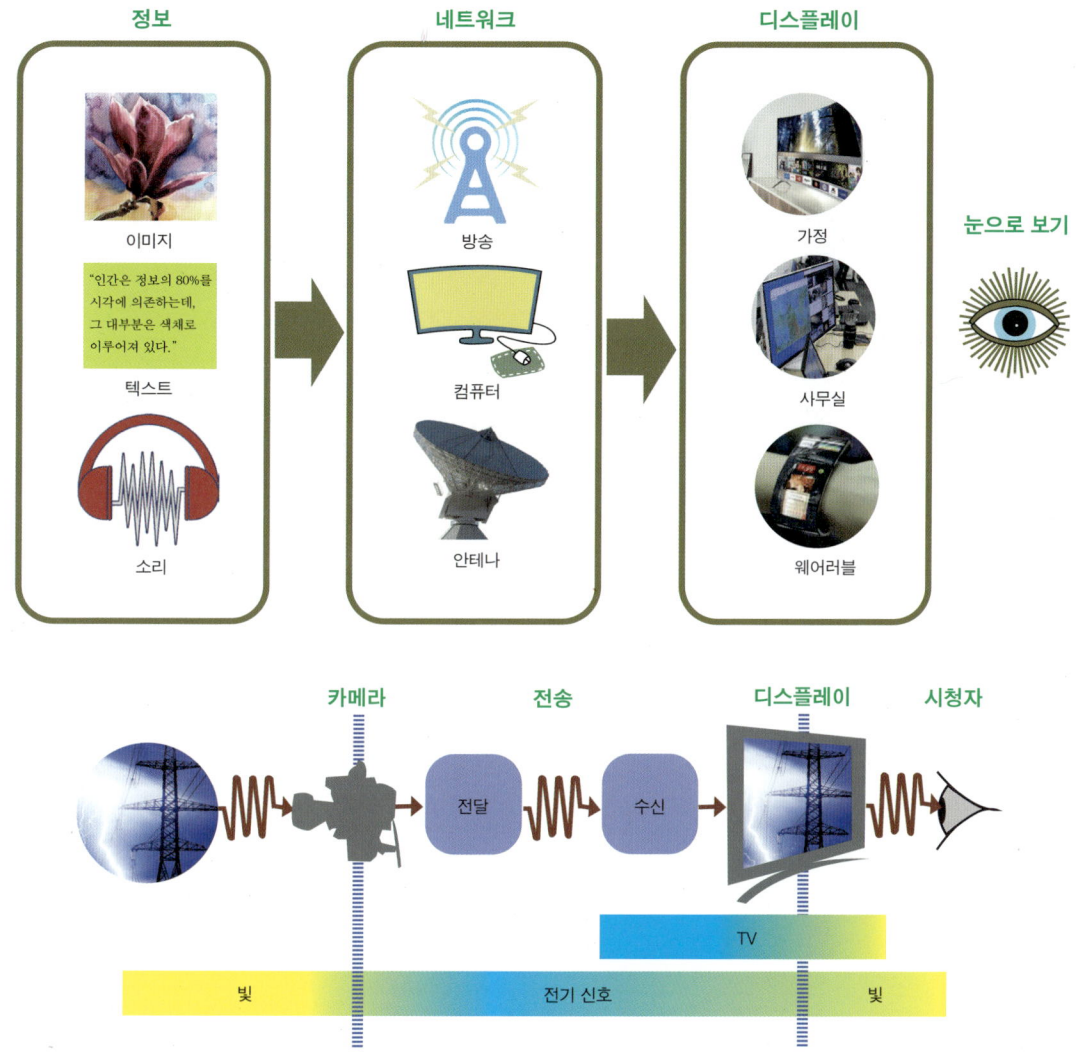

정보의 전달(위)과 TV의 정보 전달 체계(아래)

없습니다. 앞으로 TV 이야기를 많이 해야 하니, TV가 일원이 되는 정보 전달의 체계를 일례로 들어 보겠습니다.

    배우가 연기를 하든 앵커가 뉴스를 하든 카메라로 촬영된 영상신호는 전파가 되어 집으로 오게 됩니다. 전파가 전달되는 방법에는 여러 가지가 있으며, 이에 따라 방송의 명칭이 달라집니다. 전파가 지상에 있는 송신탑을 이용하여 무선으로 안테나까지 오는 지상파 또는 공중파 방송이 있고, 케이블 방송국이 보다 다양한 콘텐츠들을 광섬유나 동축케이블과 같은 유선으로 보내 주는 케이블 방송이 있습니다. 마을이나 집이 큰 산이나 높은 건물들로 가로막혀 전파가 바로 오기가 어려우면 케이블 방송국에서 지상파 방송을 받아 케이블로 전달해 주기도 하죠. 그리고 KT의 올레 TV나 SK 브로드밴드, LG 유플러스 등과 같이 인터넷 선을 따라 들어오는 인터넷 방송이 있습니다. 이는 IP-TV^{Internet Protocol TV}라는 용어로 더 익숙하죠. IP-TV의 경우에는 인터넷 프로토콜을 이용하는데, 시청자가 요구를 하고 원하는 방송을 볼 수 있는 쌍방 간의 교류가 더욱 활성화되어 있어서 케이블 TV에 비해 가입자 수가 많습니다. 또한 태평양 너머 먼 나라의 방송을 적도 상공 약 35km에 있는 방송위성이나 통신위성을 경유하여 안테나에 이르게 하는 위성 방송이 있습니다. 동그란 지구로 인해 똑바로만 가는 전파를 받기 위해서는 지구 위에 떠 있는 위성이 필요하죠. 참고로 위성방송의 경우 12GHz의 주파수를 이용하는데, 파장이 약 2.4cm로 큰 빗방울이나 우박 등에 영향을 받을 수 있어 큰 파라볼릭 안테나로 전파를 더 넓게 모으기도 합니다.

안테나를 통하든 통신선을 통하든 집으로 전달된 영상신호는 TV에서 다시 빛 그리고 영상으로 바뀌어 우리 눈에 보이게 됩니다. 여기서 눈에 보이는 화면이 디스플레이입니다. 앞서 말한 대로, 디스플레이는 '보이다', '펼치다', '진열하다' 등의 뜻을 가지는 라틴어 'displico', 'displicare'에서 비롯되었습니다. 이 단어가 현대에 이르러서는 보여 주는 행위나 장치를 통칭하고 있는 것이죠. 즉, 미술관의 전시 행위부터 백화점의 쇼윈도, 스마트폰의 화면, 스포츠 경기장의 전광판까지 포함하는 다양한 전시 행위와 표시 장치를 일컫습니다. 이 책에서는 전자 기기에서 시각 정보를 표시하는 장치로 '정보 디스플레이^{Information Display}'로 표현하고자 합니다. 자, 이제 정보 디스플레이가 어떻게 진화해 왔는지 과거로 돌아가 볼까요?

더 생각해보기

- 파피루스, 벽화에서 현재의 디스플레이 기기까지 '정보 표시'의 발자취를 따라가 보자.
- 4차 산업혁명의 시대에서 정보 디스플레이 기기의 중요성은 어떻게 부각될까?
- 멀리 있는 벗과의 영상통화에서 벗의 얼굴이 나의 모바일 기기 화면에 보이기까지 신호는 어떤 과정을 거쳐서 올까?

전자 디스플레이 진화의 현재

 벽화, 종이, 사진 그리고 영화를 거치면서 정보 디스플레이는 진화를 거듭하며, 마침내 현재의 전자공학을 기반으로 하는 디스플레이에 이릅니다. 그중 전자 디스플레이electronic display로 설명을 이어갑니다.

전자 디스플레이의 탄생, 음극선관(Cathode Ray Tube, CRT)의 발명

 디스플레이의 역사는 인간의 보고자 하는 욕망을 충족시키기 위해 더 선명하고 생생한 화질을 표현하는 방향으로 발전해 왔습니다. 그중에서 가장 오래되고 많이 사용된 전자 디스플레이는 음극선관입니다. 1897년 독일의 물리학자인 브라운Karl Ferdinand Braun 교수가 발명했기 때문에 흔히 브라운관으로 불리기도 합니다. 해상도, 휘도 및 자연색 표시 등의 디스플레이 성능이 무난하고, 가격도 저렴한 편이어서 LCD 등 평판디스플레이가 주류인 아직까지도 일부가 사용되고 있습니다.

카를 브라운(Karl Ferdinand Braun, 1850~1918)
(Deutsches Museum, Munich)

 음극선관은 내부의 전자총electron gun이 전자를 발사해 화면의 형광체에 부딪혀 빛을 내는 방식입니다. 조금 더 구체적으로 들여다보면, 먼저 음극선관 뒤쪽의 전자총에서 전자를 방출시킵니다. 그리고 방출된 전자는 종착지인 형광체가 도포된 화면에 도달해 형광체와 충돌하면서 빛을 냅니다. 이 과정에서 촘촘하게 많은 구멍을 뚫어 놓은 새도마스크^{shadow mask}를 통과시키도록 하는데, 원하는 위치의 화면에서만 빛을 내도록 하기 위해서입니다. 먼저 개발된 흑백 음극선관은 흰색을 내는 형광체가 화면 뒤쪽에 발라져 있고, 나중에 개발된 컬러 음극선관은 R, G, B의 색을 각각 내는 도료를 픽셀마다 바른 뒤 새도마스크에도 R, G, B의 위치에 전자가 정확히 충돌할 수 있게끔 각각의 구멍이 뚫려 있습니다.

음극선관은 해상도, 색 표시 능력, 빠른 응답 속도와 낮은 가격 등의 뛰어난 장점에도 불구하고, 부피가 크고 무겁다는 큰 단점 때문에 2000년대에 접어들어 평판디스플레이^{Flat Panel Display, FPD}에 시장을 내어 주게 됩니다. 하지만 음극선관의 발명은 TV 방송이라는 새로운 미디어의 등장과 확산을 일으킨 결정적 계기였습니다. 1931년 미국에서 세계 최초로 흑백 TV 시험 방송이 개시되면서 음극선관은 곧 텔레비전의 대명사가 되었고, TV 방송의 여파는 다시 음극선관의 대중화를 가져왔습니다.

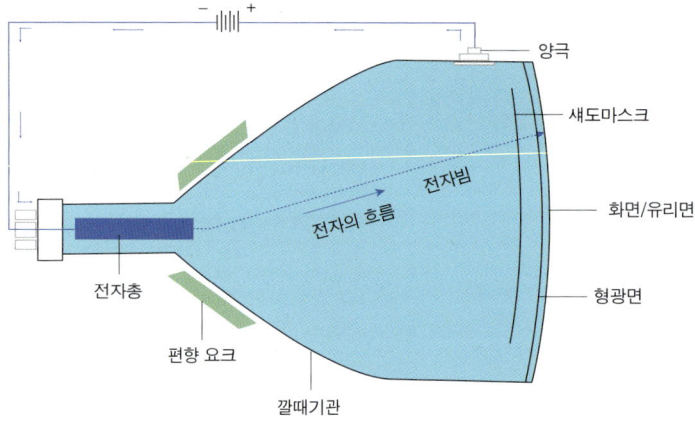

CRT(Dreamstime)와 CRT의 구조

디자인을 혁신하다, 평판디스플레이의 등장

대표적인 평판디스플레이로 PDP, LCD, OLED 세 가지를 꼽을 수 있습니다. 평판디스플레이가 등장함에 따라 '벽걸이 TV'로 불리는 얇고 가벼운 디자인의 디스플레이 생산이 가능해졌고, 동시에 음극선관으로는 어려웠던 40인치 이상의 대화면 디스플레이를 위한 연구 개발도 빠르게 진행되었죠.

PDP는 플라즈마 디스플레이 패널^{Plasma Display Panel}로, 기체 방전 시에 생기는 플라즈마로부터 나오는 빛을 이용하여 문자 또는 그래픽을 표시하는 디스플레이를 말합니다. 플라즈마를 이용한 디스플레이는 1927년 벨 연구소의 그레이^{F.Gray} 등이 처음으로 가스 방전 표시 장치를 개발한 것을 시초로, 1964년 일리노이 대학의 도널드 비처^{Donald Bitzer}와 진 슬로토우^{H.Gene Slottow}에 의해 본격적인 PDP의 기본 구조를 갖춘 연구가 시작되었습니다. PDP는 상·하 유리 기판에 설치되는 전극 사이에 네온^{Ne}, 아르곤^{Ar}, 제논^{Xe}과 같은 불활성 가스를 밀봉하고 전압을 인가하면 플라즈마가 생성되는데, 이때 기체 방전으로 발생하는 자외선이 R-G-B로 구성된 형광체를 자극해 색상과 밝기가 나타나는 원리로 구동됩니다. 이런 방식으로 R-G-B로 빛나는 화소 단위의 미세한 형광등을 무수히 배치하여 각각의 형광등을 빠른 속도로 점등시키거나 소등시킴으로써 통합된 영상이 나타납니다. PDP는 평판디스플레이임에도 CRT에 버금가는 뛰어난 밝기와 빠른 응답 속도, 광시야각, 대형 화면 제작의 유리한 장점을 가지고 있어, 특히 디지털 TV 방송 개시 시점에 큰 인기를 얻었습니다. 그러나 열이 많이 나고 전력소비가 높아 LCD와의 기술 경쟁에서 뒤처지며 최근에는 생산이 중단되는 운명을 맞았습니다.

LCD^{Liquid Crystal Display, 액정 표시 장치}는 PDP와 거의 동시대의 평판디스플레이로, '액정'을 핵심 소재로 하

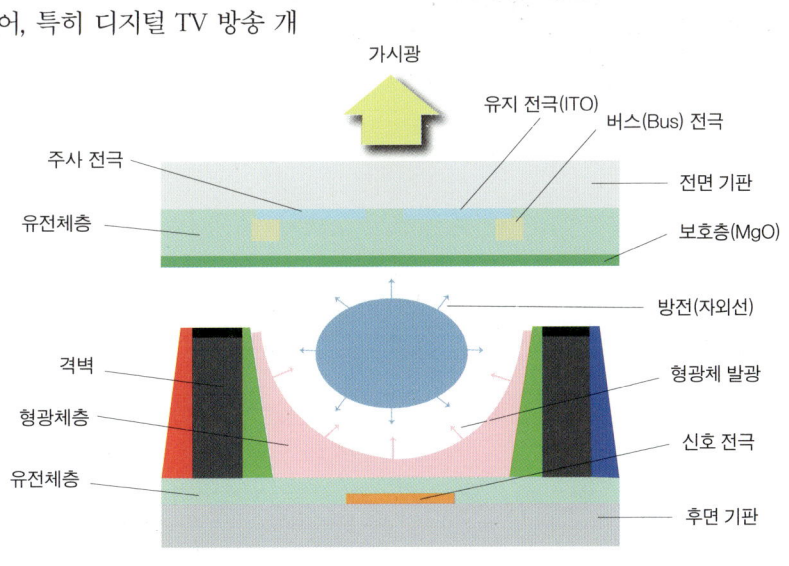

PDP TV와 PDP의 구조

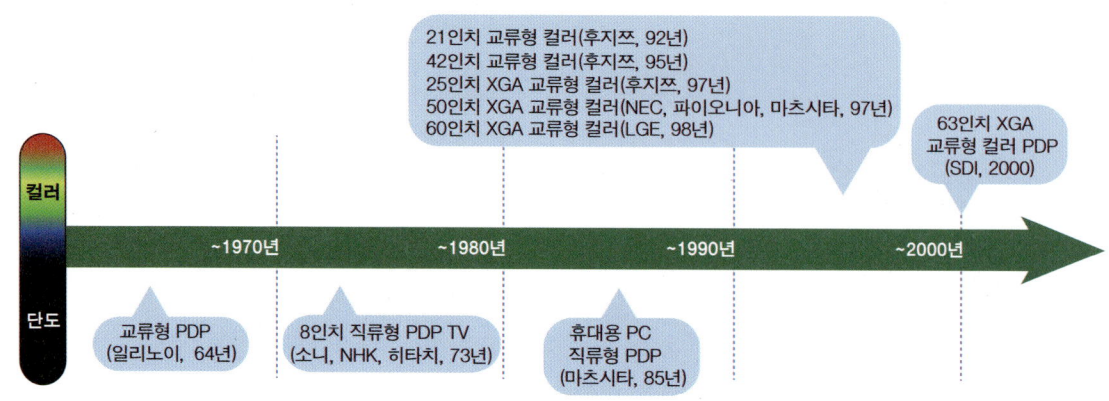

PDP의 발전 과정

고 있습니다. 액정液晶, Liquid Crystal은 액체 결정의 줄임말로, 액체와 고체의 성질을 함께 가지고 있는 물질입니다. 즉, 고체의 결정이 갖는 규칙성과 액체의 성질인 유동성을 모두 지니고 있습니다. 액정은 의외로 상당히 오래전에 발견되었습니다. 1854년 처음 발견되었고, 1888년 오스트리아의 생물학자 프리드리히 라이니처Friedrich Reinitzer에 의해 비로소 '액정'이라는 이름을 최초로 부여받았습니다. 이후, 1920년대에는 많은 연구자들이 300여 종의 액정을 합성해 발표하였고, 액정에 전기 자극을 주어 상태를 변형하는 연구로 이어졌습니다. 1960년대에는 액정이 광학적 효과를 나타낸다는 사실이 과학 잡지 〈네이처Nature〉에 발표되었고, 이때부터 액정의 실용화 연구는 본격 궤도에 올라 이후 다양한 방식의 LCD가 화질과 성능을 높여 제품화되기에 이르렀습니다. LCD는 정보를 표현하기 위해

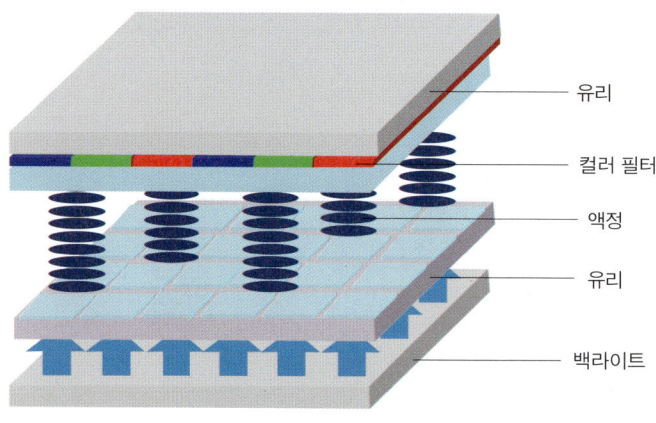

LCD TV와 LCD의 구조

28 　　　　　　　　　　　　　　　　　　　　　　　　　　디스플레이 이야기

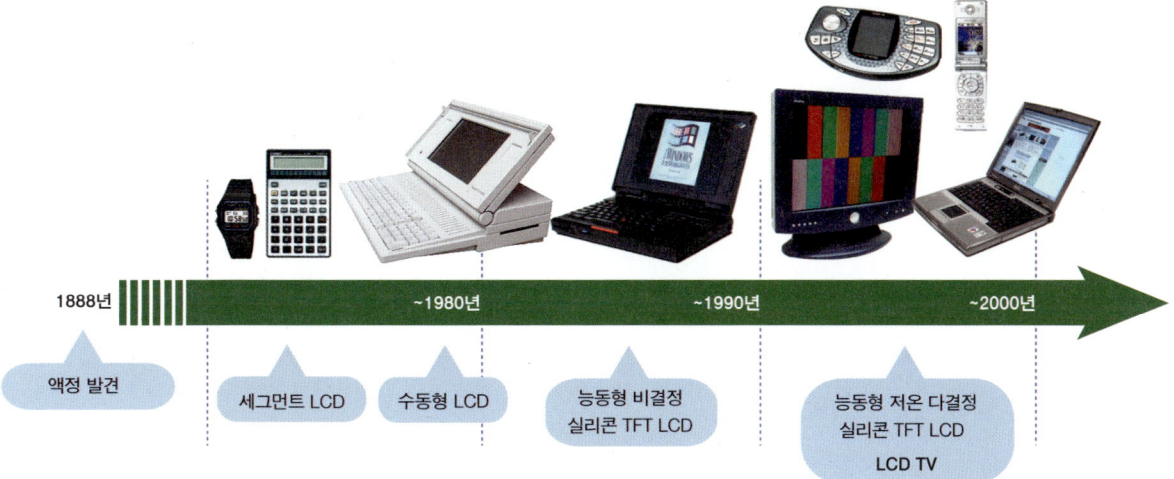

LCD의 역사

외부의 빛(광원)을 필요로 하는 수광형 디스플레이입니다. 따라서 패널 뒷면에서 백색의 빛을 비추는 백라이트Back Light가 필요하고, 컬러 필터Color Filter를 통해 색을 구현합니다. LCD 개발 초기에는 음극선관과 비교해 화면 크기, 색 재현력과 화질 등이 턱없이 낮은 수준이었습니다. 그러나 꾸준한 연구 개발로 100인치가 넘는 초대형/고해상도 TV를 비롯해 스마트폰과 같은 중소형 기기에 적합한 디자인과 퍼포먼스를 갖춰 현재 가장 보편적으로 사용되는 디스플레이로 발전했습니다.

새로운 기술의 등장, 스스로 빛을 내는 OLED

이해를 돕고자, 전자 디스플레이의 변천 과정과 현재를 요약하고 분석해 보겠습니다. 1897년, 독일의 스트라스부르크 대학의 카를 브라운 교수에 의해 발명된 음극선관, 소위 브라운관은 발명 이후 100여 년 동안 디스플레이의 대명사가 되어 왔습니다. 물론, 액정 디스플레이가 1960년대부터 새로운 개념의 디스플레이로 등장하였지만, 특히 TV와 모니터 영역은 20세기 중·후반 동안에는 범접할 수 없는 CRT만의 영역이었죠. 그러나 1970~1980년대부터 플라즈마 디스플레이가 얇은 모니터 등으로 등장하였고, 특히 1980년대부터 일본 업체들에 의해 화면을 키울 수 있는 대체 디스플레이로서 발전하기 시작하였습니다. 동시에 LCD의 화질과 화면의 크기가 급격히 향상되면서 CRT 고유의 결점들이 공공연히 드러나기 시작하였습니다. 즉, 전자들의 속도를 증가시키고 전자선을 주사scanning해야만 하는 고유의 동작 원리로 인해 두께와 무게를 줄이는 데에 한계가 있었습니다. 또한 높은 에너지의 전자

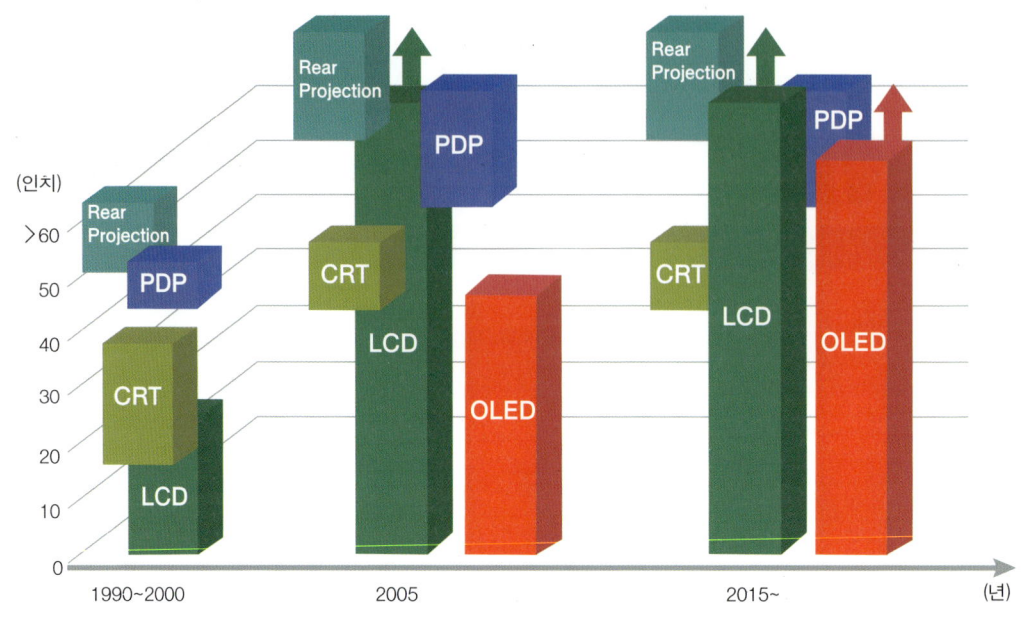

CRT 그리고 FPD들의 등장과 경쟁

들이 형광체에 충돌함으로써 발생하는 x-ray에 대한 우려도 커져만 갔습니다.

결국은 1980~1990년대에 이르러 CRT의 두꺼운 외관에 대응하는 얇은 두께, 즉 평판디스플레이에 대한 기대와 이를 실현하기 위한 야망이 불타오르면서 21세기를 앞두고 PDP를 이용한 TV가 선을 보이기 시작했습니다. 1966년부터 국내에 보급된 CRT TV가 1999년에 마침내 CRT가 넘볼 수 없는 크기인 40인치급 PDP TV의 선제공격을 받으며 타격을 받았고, 2004년부터는 역시 40인치급 LCD TV가 경쟁에 합류하였습니다. 이로서 모니터와 TV를 독점하다시피 한 CRT의 시장이 급격히 무너졌고, 향후 약 10년간 PDP와 LCD 간의 치열한 경쟁이 이루어졌습니다. 결국은 LCD가 승자가 되고 말았죠. PDP가 패배한 원인은 여러 가지로 분석되고 있으나, LCD 기술의 비약적인 발전과 가격 경쟁력 상승이 가장 큰 요인이었습니다. 그에 따라 2014년 PDP의 생산마저 중단되었습니다. 그리고 LCD는 수 인치급의 소형부터 100인치급에 가까운 대형 디스플레이로서 모바일, 태블릿, 모니터 그리고 TV까지 대부분의 영역을 점하게 됩니다.

기술은 도전과 경쟁을 통해 발전하게 마련이죠. LCD의 독주는 그리 오래 가지 못하고 유기 발광 다이오드라는 신선하고 강력한 도전자가 등장을 합니다. LCD는 스스로 빛을 내지 못하여 별도의 광원을 써야만 하는 반면에 OLED는 스스로 빛을 냅니다. 그래서 색이 더 선명하고 번짐이 없는 영상

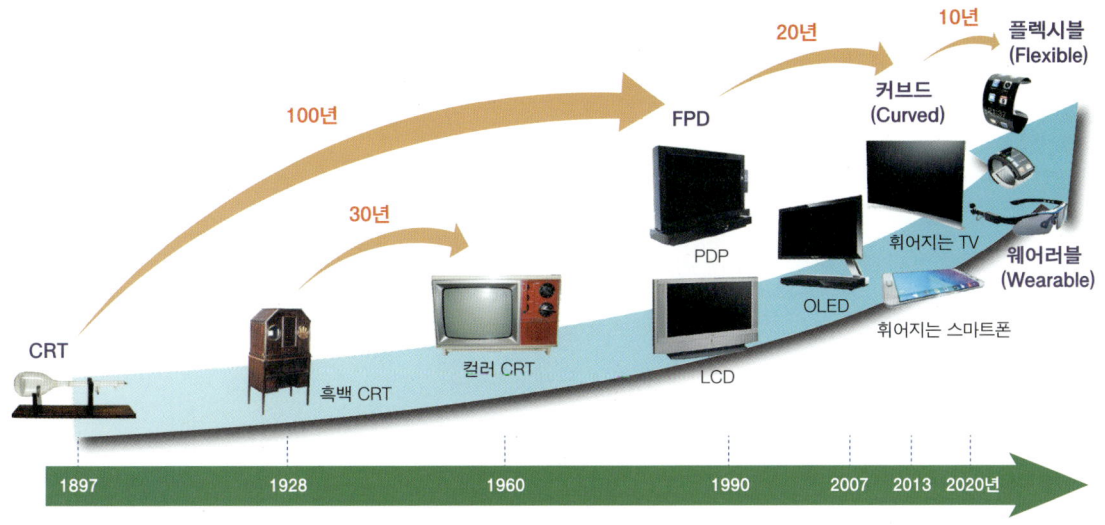

디스플레이의 역사

을 만들어내고, 딱딱한 유리 기판이 아닌 유연하고 휠 수 있는 플라스틱 기판 위에도 만들 수 있습니다. 모바일 기기, 즉 소형부터 시작한 OLED의 도전은 이제 대형으로 향해 가고 있습니다. 현재 80인치대의 TV 시장까지 진입하였습니다. 중소형 시장에서는 이미 LCD가 한 발을 빼고 있으며, TV 시장에서의 격돌은 매우 치열합니다. LCD는 양자점 기술을 도입하여 QLED^{Quantum dot LED} 기술로 진화하면서 체력을 유지하고 있고, OLED는 영상의 선명도, 완전한 블랙 그리고 휨과 두루마리처럼 말 수 있는 무기를 적극 활용하고 있습니다. 지금은 거의 완성된 OLED 기술과 LCD에서 더욱 진화하고 있는 QLED가 치열하게 경쟁하고 있습니다. 실로 흥미진진합니다. 다음으로 100여 년 전부터 오늘에 이르기까지 등장하고, 발전하고, 소멸한 디스플레이들을 분류하고 묶어 보기로 하겠습니다.

 **더 생각해보기**

- 브라운관(CRT)은 왜 사라져야만 했을까? 만일 살아남으려면 어떤 노력을 해야 했을까?
- PDP는 왜 사라져야만 했을까? 만일 살아남으려면 어떤 노력을 해야 했을까?
- LCD는 OLED의 강력한 도전에 버티려면 어떤 전략이 필요할까?
- OLED는 LCD의 강력한 저항을 극복하려면 어떤 전략이 필요할까?

코리올리 힘

너와 더불어
세상도 움직인다
너의 의지로 움직여도
세상에 의해 어긋난다

세상을 탓하랴
탓을 해도 바뀔 것은 없다
세상에 너를 맡기랴
그러기에는 인생이 아깝다

너와 세상
둘을 고려한 제3의 겨냥
그곳에 과녁을 놓는 타협
그리 사는 것도 방법이다

Coriolis force

An inertial or fictitious force that acts on objects that are in motion within a frame of reference that rotates with respect to an inertial frame.

디스플레이 분류

정보 디스플레이 기술은 여러 특징을 토대로 분류할 수 있으며, 분류하는 방법 역시 매우 다양합니다. 보는 방식에 따라 화면을 직접 보는 직시형 direct view type 디스플레이, 크기가 작고 해상도가 높은 마이크로 디스플레이, 미러 어레이 등으로 영상이나 빛을 확대하여 스크린에서 보는 투사형 projection type 디스플레이, 디스플레이로부터 나온 영상을 화면도 스크린도 아닌 제3의 공간, 예를 들면 눈으로부터의 일정 거리나 허공 등에 형성하는 가상형 virtual view type 디스플레이로 구분할 수 있습니다. 이 중에서 직시형 디스플레이는 우리가 흔히 이야기하는 디스플레이 패널과 직접적으로 연관되고, 투사형 디스플레이나 가상형 디스플레이 모두 직시형 디스플레이 패널 기술을 이용하여 완성되는 시스템이므로, 직시형 디스플레이를 위주로 설명해 볼까 합니다.

직시형 디스플레이는 생김새에 따라 분류하는 방식이 간편합니다. 즉, 뚱뚱하고 무거운 브라운관 CRT와 얇고 가벼운 평판디스플레이 FPD로 나눌 수 있고, FPD는 다시 별도의 광원이 필요한 비발광형 non-emissive type과 스스로 빛을 만들 수 있는 자발광형 self-emissive type, emissive type으로 분류할 수 있습니다.

보는 방식에 따른 디스플레이 분류

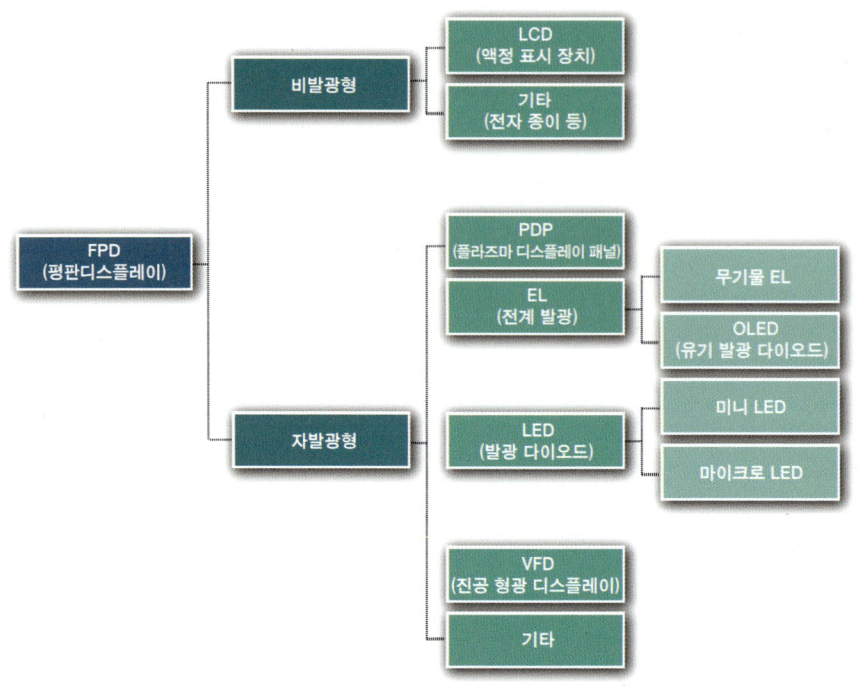

빛의 생성에 따른 평판디스플레이 분류

    비발광형으로는 LCD가 대표적이며, 그 밖에 초소형 전자 기계 장치 MicroElectroMechanicalSystem, MEMS 기술을 이용한 MEMS 디스플레이, 전자 종이에 주로 사용되는 전기 영동 디스플레이 ElectroPhoretic Display, EPD, 전자 종이에도 사용되지만 요즘 스마트 윈도우 기술로 관심을 끄는 전기 변색 디스플레이 ElectroChromic Display, ECD 등이 있습니다.

    자발광형의 무대는 실로 디스플레이의 전장이라고 할 만큼 기술들이 다양합니다. 발광 원리별로 구분하는 것이 이론과 동작 원리를 이해하는 데에 편합니다. 주요 발광 원리들은 빛을 발생시키기 위해 이용되는 에너지로 특징지을 수 있습니다. 음극에서 발생한 전자가 가속 후 충돌할 때의 충돌 에너지를 이용하는 음극 발광 CathodeLuminescence, CL, 전기장에 의해 이동하는 캐리어, 즉 전자와 정공들의 여기 excitation 후 충돌이나 재결합 re-combination을 이용하는 전계 발광 ElectroLuminescence, EL, 빛 혹은 광자 photon의 에너지를 이용하는 광 발광 PhotoLuminescence, PL 등이 대표적입니다.

    음극 발광 현상을 이용한 디스플레이로는 FPD는 아니지만 CRT가 대표적이며, 그 밖에 전계 방출 디스플레이 Field Emission Display, FED, 진공 형광 디스플레이 Vacuum Fluorescent Display, VFD를 꼽을 수 있습니다. 전계 발광 현상의 경우, 그 메커니즘을 물리적으로 보다 세분화할 수 있습니다. 일단은 뭉뚱그려서 유기 발광 다이오드^{OLED}와 함께 (무기) 발광 다이오드^{Light Emitting Diode, LED}가 대표적이며, 그 밖에 교류 혹은 직류 구동형 박막/후막 전계 발광 소자^{Thin/Thick Film ElectroLuminescent Device, TFELD}를 들 수 있습니다. 광 발광 현상을 이용한 디스플레이로는 PDP가 대표적입니다.

　실로 다양하고 각각의 특징들이 분명한 디스플레이들입니다. 이들은 서로 경쟁하기도 하고, 또 본의 아니게 서로 돕기도 하면서 발전하거나 소멸하였습니다. 일부는 명맥을 유지하면서 반세기가 넘는 세월을 겪어 왔습니다. 물론 주요 기술들은 별도로 보다 구체적으로 설명하겠지만, 도태와 소멸을 겪었더라도 학술 연구로 완성되고 기업의 생산 라인에서 한 번이라도 태어난 만큼 각각의 이름을 불러 주고 짧게라도 인사하는 것이 예의라 생각하며 그들의 소개를 이어 갑니다.

더 생각해보기

- 디스플레이의 보는 방식인 직시형, 투사형, 가상형 각각에 대해 어떤 응용 제품들이 있으며, 그들은 어떻게 작동할까?
- 디스플레이는 얼마나 더 얇아질 수 있으며, 그 얇아짐은 어느 정도에서 멈출까? 그 이유는 무엇일까?
- 현재 상용화된 디스플레이들에서 빛은 어떻게 공급되고 발생될까?

어떤 디스플레이들이 있을까?

우리가 흔히 말하는 디스플레이, 조금 더 정확하게 말해서 '전자 디스플레이 장치electronic display device'라고 하면 어떤 것들이 떠오르나요? 아마도 TV, 모니터, 노트북, 태블릿, 스마트폰 등 일상생활에서 자주 접하는 전자 기기들이 떠오를 거예요. 이는 디스플레이 장치의 용도에 따라서 구분한 것이죠. 과거에 쓰던 브라운관이라고 불린 배불뚝이 CRT가 떠오르거나 최근의 얇고 평평한 LCD, OLED와 같은 평판디스플레이들이 떠오른다면 디스플레이의 역사를 두고 생각한 것이죠. 이렇듯 너무나 유명해서 설명이 따로 필요 없는 디스플레이 장치들이 있는 반면에 잘 알려지지 않은 제품 기술들도 있답니다. 이들 몇 가지를 소개하면서 다양한 디스플레이 기술들을 어떻게 분류하고 정리할지 생각해 보겠습니다.

VFD(Vacuum Fluorescent Display)

먼저 발광형 디스플레이인 VFD, 즉 '진공 형광 디스플레이'에 대해 알아보죠. VFD는 1965년에 오쿠보 마사오 등에 의해 발명되어, 1970년~1980년대에 전자계산기의 왕성한 수요에 따라 급속하게 발전하였습니다. 이후 VFD는 오디오 및 카 오디오의 표시장치, 전자 게임기의 디스플레이 등으로 크게 쓰였습니다. 특히 당시 컬러를 구현하기 어려웠던 LCD에 비해 차별화가 있었습니다. 그러나 1990년대 LCD의 급격한 발전과 저소비 전력이라는 트렌드에 밀려 사용량이 상당히 감소하게 됩니다.

VFD는 양극Anode, 그리드Grid, 음극Cathode의 3종류의 전극으로 구성되며, 사용자가 화면을 보는 측에 투명하게 밀봉된 전자관이 있습니다. 음극에서 전자를 방출하면 그리드에서 이를 조절해 양극에

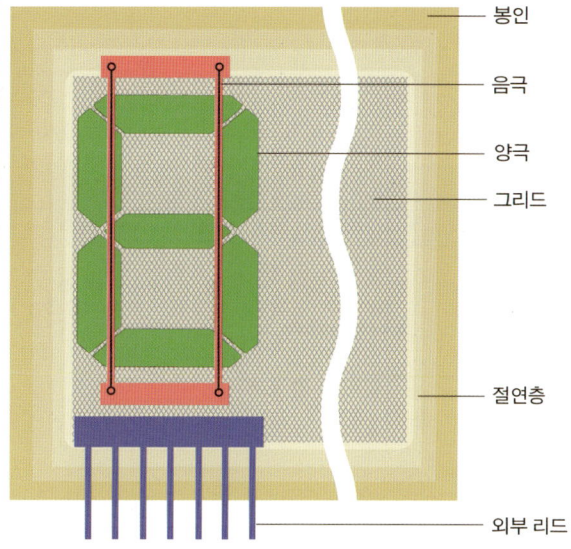

충돌시키고, 이때 방출된 전자선에 의해 양극 위에 도포된 형광체가 발광하는 원리입니다. 발광 방식으로만 보자면 전자선을 쏘아 형광체에서 빛이 나도록 하는 CRT와 유사하다고 할 수 있습니다. 다만 전자선의 전압이 CRT는 수 kV 이상으로 무척 높지만, VFD는 50V 이하로 낮다는 점이 다릅니다.

VFD(wikipedia)와 VFD 구성

LED(Light Emitting Diode)

다음으로 '발광다이오드' 디스플레이인 LED에 대해서 살펴보겠습니다. LED는 무척 익숙한 이름인데, 현재 각종 조명이나 광원으로 널리 사용되고 있기 때문이죠. 기존 전구들에 비해 전력 소모가 상당히 낮고, 소자의 수명은 훨씬 길기 때문에 각종 조명들을 대체하고 있습니다. 또한 자동차나 전자기기 등에 없어서는 안 될 부품으로 자리 잡고 있기도 하고요.

LED는 이름 그대로 반도체로 된 다이오드의 일종입니다. 다이오드는 '양전극 단자에 전압을 걸면 전류가 한 방향으로만 흐르는' 이른바 '정류 작용'을 하는 소자입니다. 이때 정류 방향으로 전압을 주면 전류가 주입되고, 전자와 정공이 재결합하게 됩니다. 그때 발생하는 에너지의 일부가 빛으로 나타나는 것이죠. 일반적으로는 '빛을 내는 반도체'라고 쉽게 표현되기도 합니다. LED로 디스플레이를 구현하는 가장 일반적인 방법은 LED 한 개를 화소 하나로 매칭하는 방식을 통해, 수백만 개의 LED 소자를 집약한 형태로 구성하는 것입니다. 대표적인 것이 야외에서 사용되는 거대한 LED 전광판입니다. LED는 상당히 밝은 빛을 낼 수 있으므로 햇볕 아래에서도 시인성이 무척 좋습니다. 또한 최근에는 이

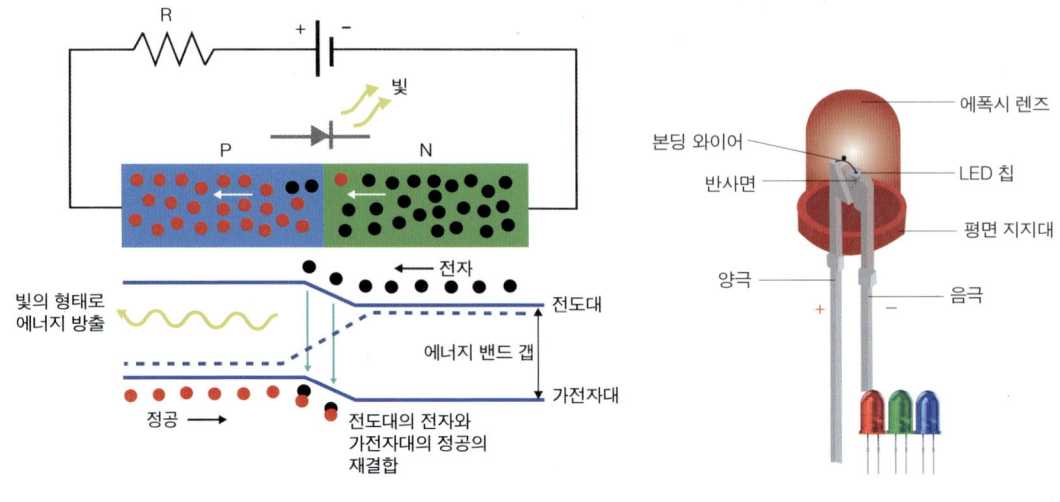

LED의 원리와 구성

러한 LED의 크기를 아주 작게 만들어 TV 또는 모바일용으로 활용하는 '마이크로 LED' 연구도 진행되고 있습니다. '마이크로 LED'는 LED 소자의 크기를 5~10마이크로미터(㎛)로 줄인 초소형 LED를 말합니다. LED 소자 자체를 화소로 활용할 수 있기 때문에 상용화가 된다면 휘어질 수 있고 전력 소모도 무척 낮은 제품을 만들 수 있을 것으로 기대하고 있습니다.

ECD(ElectroChromic Display)

ECD는 스스로 발광하지 않는 비발광형 디스플레이로, 고체나 액체에 전압을 주어 색 변화를 일으키는 방식을 이용합니다. 전기 변색 재료를 사용하기 때문에 일명 '전기 변색 디스플레이'라고도 부릅니다. 일반적으로 물질은 한 가지의 색만을 나타내는데, 특수한 경우에는 색 또는 투명도를 바꾸기도 합니다. 이처럼 전기를 통하여 색을 구현하는 경우를 전기 변색이라고 부르는데, 변색 재료에 전압을 인가하면 산화와 환원 반응에 의해 재료에서 빛이 나는 특성이 변화하게 됩니다. 변화된 투과광이나 반사광의 강도를 조절해 디스플레이로 활용할 수 있습니다.

ECD는 LCD와 달리 편광판을 사용하지 않기 때문에 표시가 밝고, 시야각이 넓으며, 눈부심이 없어 보기에 편하다는 장점이 있습니다. 또한 메모리 기능이 있어 계속 전력을 공급하지 않더라도 표시가 지속되므로 사용 방식에 따라 전력을 절감할 수 있습니다. ECD는 빛의 투과도를 조절할 수 있는

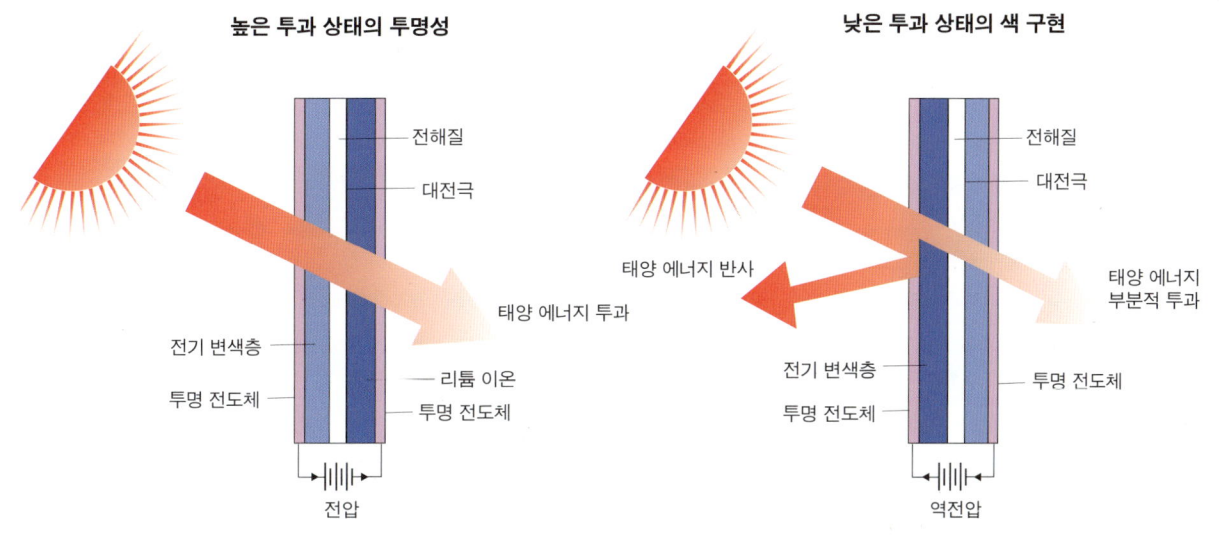

ECD의 원리와 스마트 윈도우 적용

특성 때문에 최근 투명 디스플레이 분야에서 주목받는 기술입니다. 특히 투명한 창문에 정보를 표시하고, 햇빛의 투과를 조절하는 커튼의 용도로도 사용할 수 있어 스마트 윈도우에 접목할 수 있는 적합한 기술로 기대되고 있습니다.

EPID(ElectroPhoretic Image Display)

EPID는 전하를 띠고 있는 입자를 전기장에 의해 이동시키는 '전기 영동^{electrophoresis}'이라는 현상을 이용한 디스플레이입니다. 간단히 설명하면, 양극에 붙는 검은색 입자와 음극에 붙는 흰색 입자를 배치한 후, 글자나 숫자를 표현하려는 부분에만 양극을 주면 해당 부분에 검은색 입자가 달라붙어 검게 표시가 되고 나머지 부분에는 흰색이 표시되는 원리입니다. EPID는 높은 명암비와 밝은 표기, 저전력, 낮은 제조 비용, 용이한 대형화, 메모리 기능이 장점으로 꼽힙니다. EPID를 활용한 대표적인 제품으로 'E-Ink'가 있습니다.

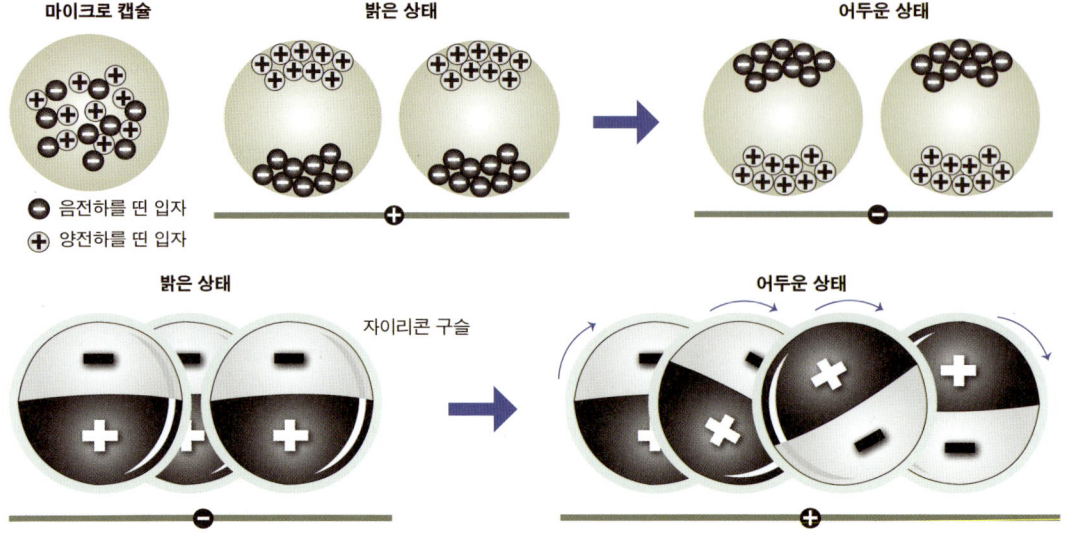

E-Ink와 자이리콘의 전자 종이 구현

TBD(Twisting Ball Display), SPD(Suspended Particle Display)

　마지막으로 소개할 디스플레이 장치는 '입자 회전 방식'을 활용한 디스플레이입니다. 이 디스플레이는 각각의 셀 안에 존재하는 입자를 회전시키는 방식으로 색을 구현하거나 투명성을 드러냅니다. 먼저 TBD는 '색 분류 입자 회전형 디스플레이'라고 부르는데, 오일로 가득 찬 셀 안의 서로 다른 색을 표현하는 입자를 전기를 이용해 반대 방향으로 회전시킵니다. 구형 입자의 반구마다 서로 다른 색을 표시하는 물질로 구성한 후, 각 물질의 전하량이 서로 다른 점을 이용해 입자를 회전시키는 것입니다. EPID가 색이 다른 입자들을 컨트롤하는 원리라면, TBD는 하나의 입자에 2개의 색을 입힌 후 그 입자의 방향성을 컨트롤해서 원하는 표시를 하는 원리입니다.

　또 다른 입자 회전 방식으로 '분산 입자 회전형 디스플레이'라고 하는 SPD가 있습니다. 약자 SP에서의 'Suspended Particle'은 '부유 입자'라는 의미로, 셀 내부에 둥둥 떠 있는 입자를 회전시키는 것으로 방식은 TBD와 동일합니다. 하지만 각각의 입자에 두 가지 색을 내는 물질을 입히는 것이 아니라, 입자의 방향성을 조절해 빛을 투과하거나 막는 방식으로 정보를 표시합니다. 기본적으로 셀에 전기가 공급되지 않은 상태에서는 입자들이 불규칙한 형태로 떠 있어 빛이 셀을 통과하지 못합니다. 하지만 전기를 공급하면 각 입자들이 일관된 방향으로 배열되며, 이때 조절을 통해 입자들이 빛의 투과를 막는 단면적을 최소화하여 많은 빛이 통과할 수 있게 됩니다. 따라서 투명 디스플레이로 활용하거나, 반사판을 덧대어 반사광을 활용한 디스플레이 형태로 사용할 수 있습니다.*

*삼성 디스플레이 블로그에서 참조하였습니다.

디스플레이의 종류는 무척 많고 다양합니다. 이럴수록 명분 있고 체계적인 정리가 필요합니다.

먼저 직시형, 자발광 디스플레이를 발광 원리별로 정리하면, 음극 발광^{CL} 기반의 디스플레이로는 CRT, FED, VFD가 있고, 전계 발광^{EL} 기반의 디스플레이로는 LED, OLED, TFELD가 있으며, 광 발광^{PL} 기반의 디스플레이로는 PDP가 있습니다. 비자발광 디스플레이로는 ECD, EPD, LCD, MEMS 디스플레이를 꼽을 수 있습니다.

다음으로 투사형과 가상형 디스플레이 기기에 사용되는 디스플레이(디스플레이 패널을 이용하는 경우가 많기 때문에 '기기'라는 표현을 쓴다.)를 정리하면, 투사형 기기로는 투사형 TV나 피코 프로젝터가 주종목이고, 가상형 기기로는 웨어러블, 3차원 디스플레이 등 실로 다양합니다. 하지만 가상현실$^{Virtual Reality, VR}$과 증강현실$^{Augmented Reality, AR}$이 가장 주목을 받고 있는 응용 분야죠. 이들을 위한 디스플레이들은 크게 마이크로 디스플레이와 MEMS 디스플레이로 나눌 수 있습니다.

세 번째로 개별 디스플레이 기술들을 정리하면, MEMS 기반의 디지털 미소 거울 소자$^{Digital Micro-mirror Device, DMD}$를 적용한 디스플레이 엔진 DLP$^{Digital Light Processor}$, LCD의 패밀리인 고온 다결정 실리콘 박막 트랜지스터 LCD$^{High-Temperature Poly-Silicon Thin Film Transistor LCD, HTPS TFT LCD}$와 LCoS$^{Liquid Crystal on Silicon}$, '실리콘 위의 OLED'인 OLEDoS$^{OLED on Silicon}$가 있습니다.

마지막으로 조금 더 미래를 바라보는 디스플레이를 정리하면, 양자점$^{Quantum Dot, QD}$ 디스플레이, 마이크로 LED, 홀로그램 등의 신선한 디스플레이들이 있고, 휘고^{flexible}, 말고^{rollable}, 접고^{foldable}, 늘리고 줄일 수 있고^{stretchable}, 생체 친화적이며^{biocompatible} 투명하기도^{transparent} 한 더욱 환상적으로 발전할 생김새$^{form factor}$ 위주의 기술들이 있으며, 그로 인하여 입고^{wearable}, 붙이고^{attachable}, 인체에 삽입할 수^{implantable} 있는 디스플레이들이 있습니다.

어떻습니까? 디스플레이의 종류가 엄청나죠? 앞으로 소개할 순서는 디스플레이의 각 분류 내에서 출연 시기나 발전 정도, 시장 등을 고려하지 않고 가급적 '가나다'순이나 '영어 알파벳'순으로 하려 합니다. 왜냐하면 출현 시점의 경우, 원리·시제품·제품 중에서 어디를 시작으로 보아야 할지 애매하고 여러 발명자나 회사가 서로 주장하는 바가 다를 수 있으며, 발전 정도나 시장 규모의 경우, 부활과 소멸은 언제든지 가능하고 시장 규모는 분기별로도 부침이 있어 여러모로 불분명하고 변화가 무쌍하기 때문이죠. (이런 식의 서술을 하려 하니 시오노 나나미의 ≪십자군 이야기≫ 서술 방식이 떠오르네요.)

   자, 시작해 볼까요? 지금부터 소개되는 디스플레이들의 등장과 삶의 과정에 경의를 표하면서.

 더 생각해보기
- 연구 개발자 측면에서 디스플레이의 분류에 관한 표나 그림은 어떻게 만들어 볼 수 있을까?
- 사용자 측면에서 디스플레이의 분류에 관한 표나 그림은 어떻게 만들어 볼 수 있을까?

음극선관(CRT)

음극선관^{Cathode Ray Tube}은 직시형, 자발광 디스플레이입니다. 음극선관은 음극으로부터 전자선을 발생시키는 진공관으로, 음극 발광^{CL} 원리로 동작합니다. 즉, 음극으로부터 발생하고 가속되는 전자의 에너지를 이용하는 것이죠. 진공관은 패러데이^{Michael Faraday}로부터 비롯되었는데, 그는 진공 내에서 전기 현상을 연구하기 위해 유리병을 코르크로 막고 금속핀을 꽂아서 진공관을 만들었습니다. 그 뒤 독일의 가이슬러^{Johann Heinrich Wilhelm Geissler}가 유리병의 양쪽 끝에 알루미늄 전극을 만들고, 두 전극 사이에 전압을 걸어 방전을 시켜 유리병 안의 기체의 압력과 종류에 따라 방전 색깔이 달라지는 가이슬러관을 만들었습니다. 1870년경에는 영국의 물리학자 윌리엄 크룩스^{William Crookes}가 전기 방전관인 크룩스관을 발명하였고, 이는 톰슨^{Joseph John Thomson}에 의해 음극선이 전자들로 이루어졌다는 사실의 발견과 더 나아가서는 카를 브라운^{Karl Ferdinand Braun}의 CRT 발명에 기여를 합니다.

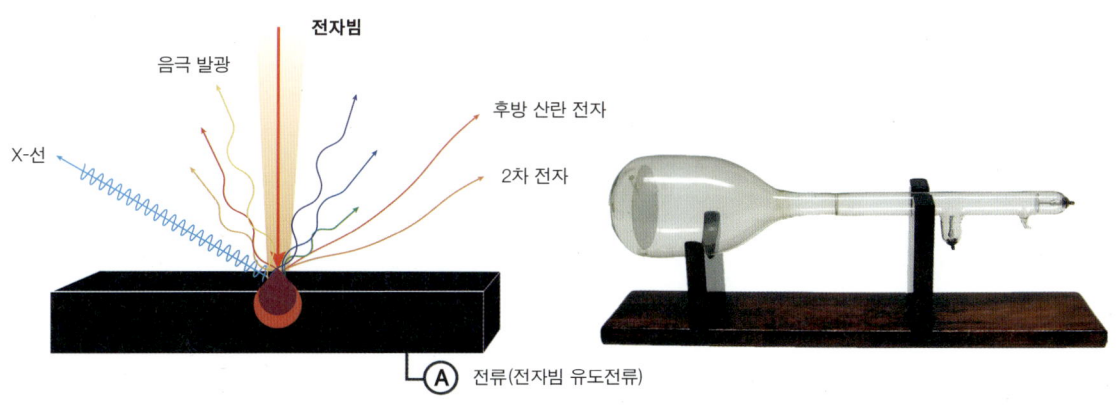

음극 발광과 음극선관의 전신인 1897년의 브라운관(www.crtsite.com)

디스플레이 알아가기

음극선관은 음극Cathode에서 열 방출된 전자들의 빔, 즉 선Ray이 가속되면서 형광체와 충돌하여 빛을 내는 관Tube입니다. CRT라는 이름에서 특징을 찾아낼 수 있겠죠? 즉, 음극으로부터 열에너지로 방출된 전자들은 전자총을 통과하면서 집속되어 전자선이 형성되고, 이는 가속화되어 형광체 쪽으로 진행하면서 충돌하여 여기(들뜬상태)에서 빛을 발생시킵니다. 단색(흑백) CRT는 한 개의 전자선으로 작동되고, 컬러의 경우 빛의 3원색인 빨강Red, R, 초록Green, G, 파랑Blue, B 형광체 부화소sub-pixel들에 대하여 각각 하나씩, 세 개의 전자빔과 전자총을 필요로 합니다. 각각의 전자선들은 형광체가 도포된 화면의 한쪽 모서리에서 시작하여 대각선 방향의 반대쪽 모서리까지 주사scanning하면서 RGBRed Green Blue 부화소들을 여기시켜야 하므로 수평과 수직 방향으로 꺾여야 하며, 이 역할을 2개의 편향 요크deflection yoke가 담당하고 있습니다. 따라서 전자선이 다른 입자들과 충돌하는 것을 막기 위해 내부는 진공으로 유지되며, 전자선의 가속과 주사 거리 확보를 위해 일정 거리와 두께를 유지해야 하는데, 이는 무거운 무게와 큰 부피의 원인이 됩니다. CRT는 사용 목적에 따라 두 종류로 나눕니다. 즉, 정지 영상이 많고, 밝기보다는 해상도가 요구되는 모니터용 CDTColor Display Tube와 동영상 위주로 해상도보다는 밝기를 우선시하는 CPTColor Picture Tube로 나누어지죠.

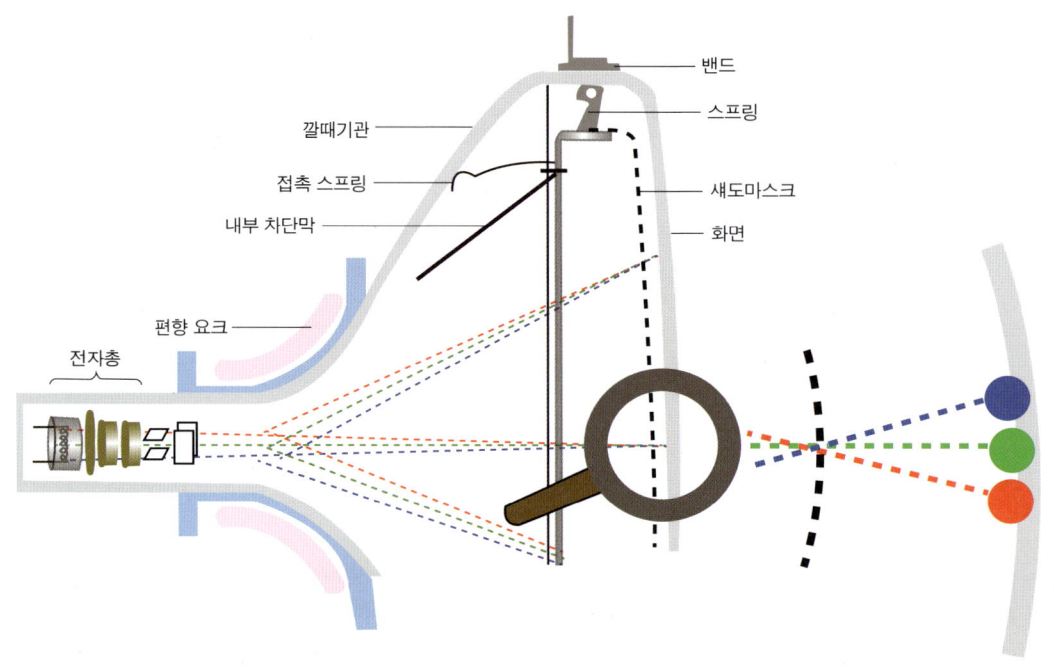

CRT의 구성과 작동 원리

좀 더 구성부별로 살펴보죠. 음극으로는 안정성이 높고 일함수가 낮은 금속 산화물을 사용합니다. K(칼륨), Li(리튬), Na(나트륨) 등의 산화물이죠. 이로부터 열 방출된 전자들은 진공관의 그리드에 해당하는 여러 전극들을 통과하면서 전자선으로 모여 전진하게 되며, 마지막 전극인 양극을 통과하면서 가속이 됩니다. 여기까지를 전자총이라고 합니다. 즉, 전자가 장전되어 직선으로 발사되는 부품이죠. 전자총을 떠난 전자선은 편향 요크를 만나게 됩니다. 전자선을 상하좌우로 휘게 하는 부품으로 주로 자기장을 이용하며 수평용 코일과 수직형 코일의 2세트로 구성됩니다. 편향된 전자선은 진공 내를 가로질러서 섀도마스크의 작은 구멍들을 통과하며 원하는 형광체(단색의 경우 화소, 컬러의 경우 RGB 부화소 중의 하나)에 이르게 됩니다. 전자와 닿은 형광체의 표면에는 얇은 알루미늄 막이 코팅되어 있는데, 이는 에너지가 약한 전자들을 흡수하고 뒤로 나오는 빛을 앞으로 반사하는 역할을 합니다. 이 알루미늄 막을 뚫은 전자는 형광체와 충돌하고, 그 에너지로 빛이 만들어집니다. 형광체에 이르지 못하고 섀도마스크에 가로막히거나 알루미늄 막에 흡수된 전자는 전자총으로 되돌아와서 다시 전자선으로 만들어지죠. (☞26쪽 CRT와 CRT의 구조 그림 참조)

CRT는 1897년에 최초로 개발된 3극 진공관 모델의 디스플레이로서, 발명자는 독일의 카를 브라운 교수입니다. CRT는 그의 이름을 따서 브라운관이라고도 불리며, 그는 발명의 공로로 노벨 물리학상을 받았습니다. 이후 산화물 음극이 개발되어 작동 전압을 현저히 낮추고, 포커싱 방식이 발전하면서 TV에 응용할 수 있게 되었죠. 미국의 RCA Radio Corporation of America가 중심이 되어 1939년 뉴욕 박람회에서 최초의 TV를 선보였으며, 이어 1941년에 TV 방송이 시작되는 등 활발한 진전을 보였습니다. 제2차 세계대전 중에는 레이더용으로 사용되면서 기술이 한층 발전되었으며, 전쟁 종료 후 TV 방송이 더욱 급속히 보급되는 계기가 되었습니다.

한국의 방송, TV의 역사를 시작하고 이끈 CRT의 역사를 좀 더 알아볼까요? 1960년대로 돌아가 보죠. 1961년에 지상파 방송사인 KBS가 개국하면서 TV 방송의 시대가 열리게 됩니다. 금성사(LG 전자의 전신)는 1960년대 초부터 CRT TV의 개발을 시작하고, 1966에 마침내 국산 CRT TV를 생산하고 출시하였죠. 1970년대에 들어서면서 LG와 삼성에서 CRT의 양산이 본격화됩니다. 이후 CRT는 포터블 TV, 투사용 기기, 계측기나 컴퓨터 등의 모니터와 같은 디스플레이가 필요한 모든 분야로 확대 적용됩니다. 1980년대 중반부터는 두께와 무게를 줄이고 화면을 평탄화시키는 작업이 진행되었으며, 20세기 후반과 21세기 초반까지 화질과 두께, 모양에서 점진적인 진화를 합니다. 그러나 두께와 무게를 줄이는 데에 분명한 한계를 보이고, 높은 에너지를 가지는 전자들의 충돌로 인한 x-ray 발생 등의 우려가 겹치면서, 1990년대부터 등장하기 시작한 FPD(평판디스플레이)인 PDP와 2000년대 초·중반에 연

이어 등장한 LCD에 의해 역사의 뒤안길로 사라지게 되죠.

최초의 디스플레이로서 반세기 이상을 풍미한 CRT입니다. 이제는 생산하는 공장도 없고, 일부 남은 기기들만이 애호가들에 의해 TV, 모니터, 오락기 등에서 가끔 보여지고 있는 추억의 디스플레이입니다. 부피와 무게 부담감에 더해 높은 전압, 전력 소모와 발열, 눈이 느끼는 피로, 재활용과 폐기물 처리의 어려움, x-ray 차단을 위한 유해 물질의 일부 존재, 고주파 소리, 정전기, 내파^{impulsion} 우려 등 여러 장애 요인으로 인해 앞으로도 우리에게 돌아올 일은 없겠지만 7080 세대의 어린 시절의 꿈을 보여 주는 디스플레이로서 기억될 것입니다.

더 생각해보기

- 스스로가 전자가 되어 브라운관(CRT) 안에서 시작부터 끝까지 경로와 행동을 묘사해 보자.
- 흑백 브라운관에 비해 컬러 브라운관에는 어떤 부분과 어떤 기능이 추가되어야 할까?
- 브라운관의 두께가 더 얇아질 수 없는 이유는 무엇이며, 그래도 가능한 얇게 하려고 어떤 노력을 더하였을까?

수식으로 원리를 잡다!

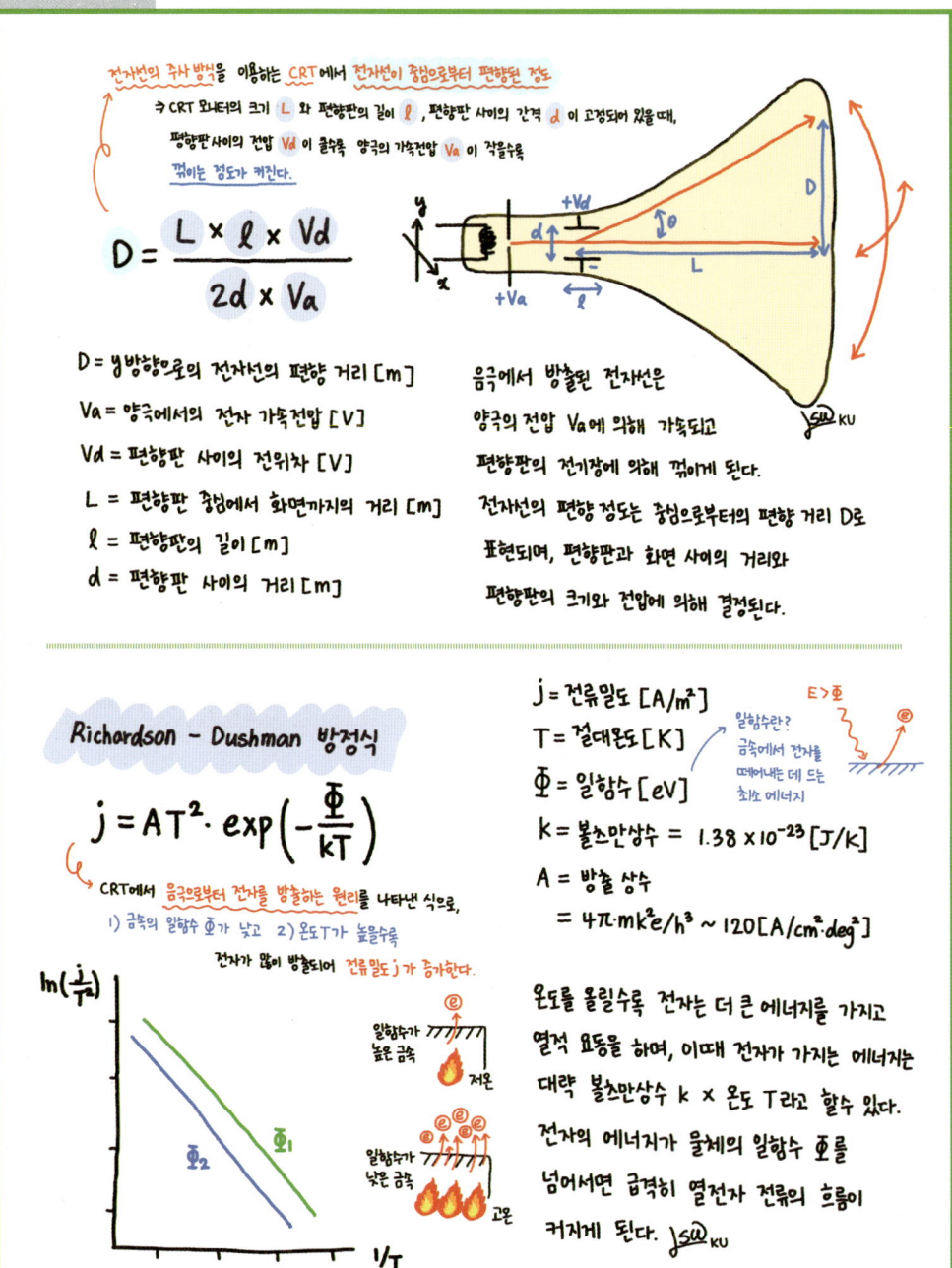

전계 방출 디스플레이(FED)

전계 방출 디스플레이[FED]는 CRT가 지니고 있는 결정적인 약점들, 즉 열전자 방출로 인한 온도 상승, 전자들의 포커싱과 가속을 위한 고전압 인가, 주사 방식으로 영상을 만들어야 하므로 음극과 형광체 간의 긴 거리로 인한 큰 부피와 두께 문제 등을 해결하기 위해 고안되었습니다. FED는 반도체와 박막, 후막 공정 등을 이용하여 마이크론 크기의 작은 전자총 어레이를 만들고, 이로부터 열이 아닌 전계[Electric Field]로 전자들을 방출[Emission]하고 가속시켜서 형광체를 여기하여 빛을 만들어냅니다. 전자 방출원으로는 금속이나 실리콘 팁, 탄소 나노 튜브[Carbon Nano Tube, CNT], 표면에 형성된 나노 스케일 구조 등이 다양하게 적용되고, 이러한 전자 방출원들이 각 화소마다 충분한 개수로 존재하므로 주사 방식이 필요하지 않습니다. 아울러, 전자 방출원이 형성된 음극 기판과 형광체의 양극 기판 간의 간격도 1mm 이내이고, 형광체도 CRT보다는 낮은 전압인 수 kV 정도에서 여기가 되므로 음극선관과 같은 수준의 영상을 평판디스플레이로서 구현할 수 있다는 매력이 있습니다.

1968년에 미국 SRI[Stanford Research Institute]는 금속 팁을 이용한 전계 방출 소자 어레이[Field Emitter Array, FEA]의 구조와 제조 공정을 제시함으로써 반도체 기술로 제작되는 진공관, 즉 진공 미소전자공학[vacuum microelectronics] 분야의 문을 열었습니다. 이를 발전시켜서 1985년에 프랑스의 LETI[Laboratorie d'Electronique de Technologie et d'Instrumentation]는 보다 안정성 있는 전자 방출원과 형광체 기술을 개발하였고, 이를 적용한 디스플레이 소자를 시연하여 FED의 제품화 가능성을 제시하였습니다. 이 기술을 이어받아서 1992년에 FED를 생산하기 위한 벤처기업 PixTech가 설립되었고, 이후 몇몇 업체들이 개발과 생산을 목표로 합류하였습니다. 그러나 금속 팁 FEA가 가지는 한계, 특히 동작 안정성과 재현성, 대면적화, 생산성의 장벽을 넘지 못하고 답보 상태로 이어졌습니다. 2000년대에 들어서면서 삼성과 캐논 등에서 금속 팁 FEA를 대신하여 CNT 전자 방출원을 적용한 FED와 표면 전도성 전자 방출원 디스플레이[Surface-

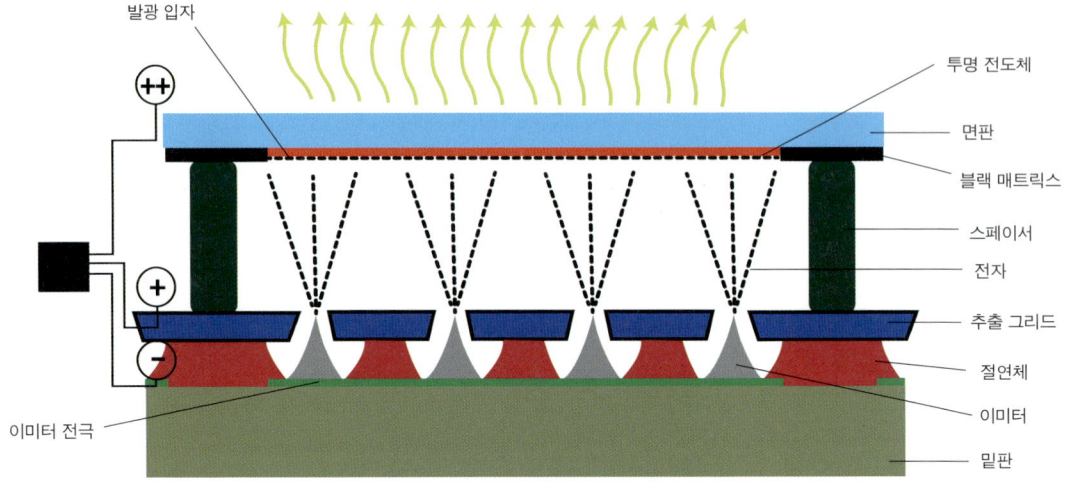

FED의 원리
CRT는 3개의 음극에서 나온 전자가 여러 색상의 화면에서 스캔되어 그림을 만드는 진공관인 데 비해
FED는 수백만 개의 작은 음극에서 나온 전자가 여러 색상의 화면으로 이동하여 그림을 만드는 진공관이다.

conduction Electron-emitter Display, SED 등의 기술로 시제품을 시연하는 등 FED의 제품화를 적극 추진하였습니다. 하지만 LCD와 OLED 두 기술의 비약적인 발전으로 끝내 상용화 의지가 꺾이고 말았습니다. 특히, 2000년대에 들어서 일본의 소니가 FED를 개발하고 상용화 의지 속에 2009년까지 노력하였으나 결국 LCD의 위세에 눌려 좌절되었죠. 2010년부터 대만의 AUO^AU Optronics가 기술을 이어받아 개발을 지속하였으나 2016년쯤 포기하고 결국 FED는 시장에 나오지 못하였습니다.

FED가 좌절된 치명적인 원인으로는 경쟁 디스플레이들의 장벽을 넘지 못하였다는 점이지만 기술 부분에서도 몇 가지 문제점들이 있었습니다. 먼저, 전자 방출원의 효율이 주로 전자가 방출되는 부분인 뾰족한 팁에 의해 결정되는데, 이 부분이 이온과의 충돌이나 반응에 의해 손상을 입는다는 점이었어요. 이때 이온들은 잔류 기체들에 고전압이 걸리면서 발생하게 되죠. 다른 문제점은 디스플레이 내부가 CRT와 비슷한 이유로 진공으로 유지가 되어야 한다는 점이었어요. 그리고 장시간 동안 작동해야 하는데, 전자나 이온과 충돌하는 형광체로부터의 잔류 기체 등이 진공도를 떨어뜨려 성능에 영향을 주었답니다. 그 밖에도 전자 방출의 균일성, 저전압 형광체 기술의 미흡, 게이트 및 매트릭스 구동이 만만치 않았던 점 등이 난점들이었습니다.

FEA와 FED가 활발히 연구되었던 1990년대부터 10여 년간의 시기는 국내외 연구자들이 진공 미소전자공학의 매력에 한껏 취해 있던 시기였습니다. FED의 연구에는 반도체 기술을 비롯하여, 마이크로 나노 미세 가공 기술, 전자기 시뮬레이션, 물리 화학적 이론과 소재, 회로와 시스템 기술이 복합적으로 적용되었습니다. 비록 평판디스플레이로서의 꿈은 좌절되었을지라도 이를 이용한 파생 기술과 소자, 즉 진공 터널링 소자, 센서와 마이크로 진공관, 휴대용 x-ray 발생기, 이오나이저 등이 지금까지도 그 꿈을 이어가며 제품화와 실용화를 이루고 있습니다. 최초의 기술에 대한 과감한 도전은 실패하더라도 값진 경험과 이로부터 얻어진 산물들로 인해 결국은 그 가치를 발휘한다는 점은 명확합니다.

더 생각해보기

- FED는 브라운관의 어떤 약점들을 어떻게 극복하려고 하였을까?
- Field Emission은 나름 특징과 장점이 있다. 어떤 특징이 있고 어디에 활용될 수 있을까?(디스플레이가 아니더라도)
- 진공 마이크로 일렉트로닉스는 어떤 학문이고, 실용적으로 볼 때 이 학문은 어떤 의미가 있을까?

수식으로 원리를 잡다!

Fowler-Nordheim 방정식

$$J = \frac{a \cdot F^2}{\Phi} \exp\left[-\frac{b \cdot \Phi^{\frac{3}{2}}}{F}\right]$$

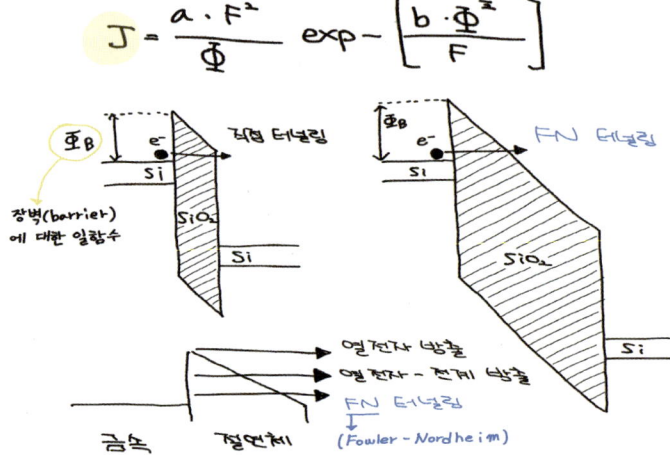

J : 전류밀도 [A/m^2]
↳ FED에서 전계 방출 시, 발생되는 전계 방출 전류의 밀도

Φ : 일함수 [eV]
↳ 일함수가 감소하면 전류밀도는 급격히 증가

F : 전계 [V/cm]
↳ 전극과 뾰족한 팁 사이에 인가되는 전계

a : 1.56×10^{-10} [$A \cdot V^{-2} \cdot eV$]
b : 6.83×10^{9} [$V \cdot eV^{-\frac{3}{2}} \cdot m^{-1}$] } → 상수

FN 터널링은 전하 운반자가 전기 도체에서 얇은 층의 절연체를 통과할 때 양자 터널링 효과로 전계에 의해 장벽의 유효 두께를 낮추어 통과 효율을 높인다.

FED 적용
→ 이 효과로 인해 뾰족한 팁에서 전자가 방출되고, 방출된 전자들에 의해 형광체 내의 전자들이 여기되었다가 떨어지면서 빛이 발생한다.

진공 형광 디스플레이(VFD)

 VFD는 기본적으로 3극 진공관의 구조를 가지며, 음극의 필라멘트에서 방출된 열전자가 그리드 전극을 통과하면서 제어되고 가속화되어 양극에 있는 형광체를 여기시키면서 발광하는 직시형·자발광 디스플레이입니다. 기본 원리는 CRT와 유사하나, 동작 전압이 낮으며 영상보다는 문자나 간단한 그래픽을 표현하죠. 양극의 형광체는 용도에 맞게 선택적으로 패터닝되어 있어 용도와 사양이 먼저 구체적으로 결정되고, 이에 맞추어 만들어지는 용도 맞춤형 디스플레이입니다. 그리드와 양극의 구동 방식에 따라 정적static 구동, 동적dynamic 구동, 능동 매트릭스Active Matrix, AM 구동으로 구분됩니다.

 정적 구동은 화소segment 수가 적은 경우에 사용되며, 그리드를 분할하지 않고 공통 전압이 인가되는데, 양극에 독립적으로 인가되는 외부 전압에 의해 표시 상태가 결정됩니다. 동적 구동은 화소가 적

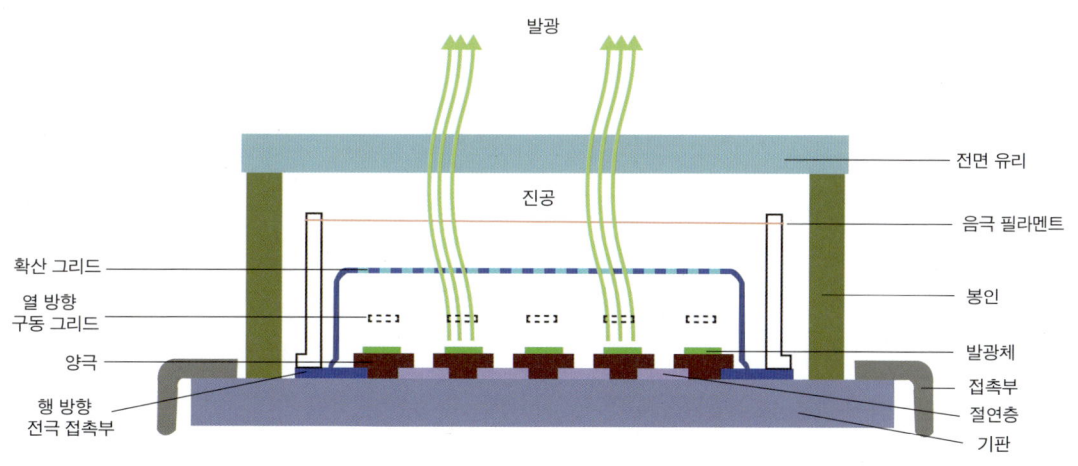

VFD의 구조

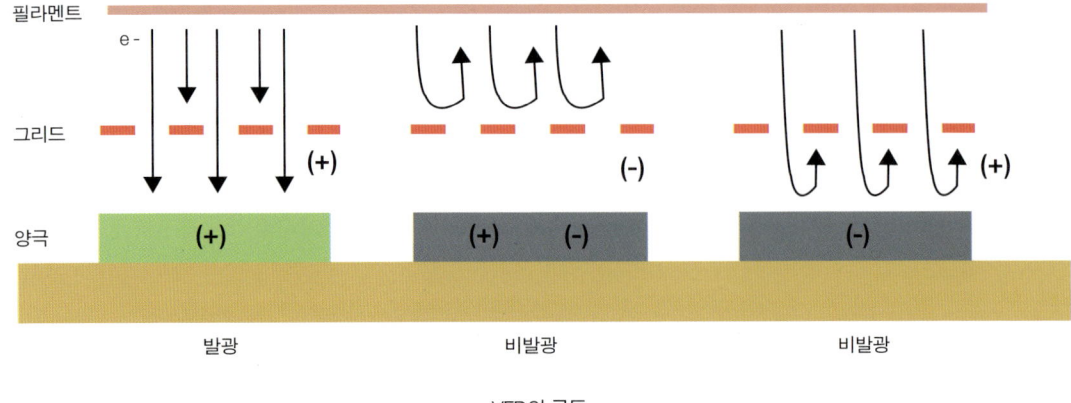

VFD의 구동

당히 많은 경우에 사용되며, 배선수를 줄이기 위해 그리드를 분할 구동하는 방식입니다. 즉, 그리드와 양극 화소를 교차 배열하고 그리드로 스위칭하여 구동합니다. 능동 매트릭스 구동은 리드 단자들이 증가하면서 회로가 복잡해지는 것을 피하기 위해 각 화소마다 기억 회로가 설치되기 때문에 높은 밝기와 해상도가 필요한 경우에 유리합니다. 일반적으로 평균 밝기는 640nit 정도이고, 높은 밝기가 필요할 경우에는 4,000nit도 가능합니다. 빨간색의 경우 수명이 1,500시간 정도에 불과하지만, 녹색의 경우 30,000시간에도 이릅니다.

초기의 VFD는 1959년에 필립스에서 개발되었는데, 단색 제품의 관 형태로 전구보다 긴 수명을 가졌습니다. 1960년대 들어서면서 7-segment 타입이 일본에서 개발되었고, 전자계산기에 효과적으로 적용되어 1970년대 이후 전자계산기와 함께 크게 성장하였습니다. 1980년대에는 후막 인쇄 기술로 VFD가 양산되었고, 다양한 전자 제품의 표시기로서 응용되었습니다. 특히 LCD의 컬러 표현이 어려웠던 시기에 다양한 색상의 적용이 가능하여 게임기, 계측기, 오디오, 자동차의 전장 부문 등에 폭넓게 적용되었습니다. 1990년대에는 박막 기술과 배선 기술이 발전하면서 문자와 함께 다양한 기호나 도안 등의 그래픽까지 가능한 제품이 출시되었습니다. 그러나 LCD의 급격한 발전으로 정체 내지는 쇠퇴기를 맞았고, 지금은 일부 가전기기, 구형 단말기, 전자계측기, 택시 미터 요금기 등에서 적용되고 있는 상황입니다.

그렇지만 VFD는 맞춤형 제작이 용이해 소규모 시장에서 꾸준히 자리할 것으로 예측됩니다. 즉, 주요 디스플레이인 LCD와 OLED가 대규모 투자와 시설, 장비 중심적인 사업으로 맞춤형 다품종 소량 생산에 적합하지 않기 때문입니다. 따라서 VFD는 기존 디스플레이들의 기술 혁신과 마케팅 전략이 구체화되기 이전까지는 소형 맞춤형 디스플레이로서 지위를 유지할 것으로 기대됩니다. 앞으로도

VFD의 생존 여부는 소량 다품종, 저렴한 가격으로 경쟁력 있는 용도를 발굴하고 확보하는 데에 달려 있다고 하겠습니다.

더 생각해보기

- VFD는 FED와 어떻게 다를까?
- FED는 소멸되었지만 VFD는 살아남았다. 그 이유는 무엇일까?

발광 다이오드(LED)

LED는 전계 발광형 또는 발광형 반도체 소자이나, LCD의 후면 광원back-light으로 사용되고 LED들을 배열하여 아웃도어용 디스플레이, 즉 LED 디스플레이로 운영 중입니다. 최근에는 디스플레이의 화소만큼이나 작은 LED 칩들을 유리 기판 등에 전사하여 인도어용 TV나 모바일 기기, 마이크로 LED 기술로서 개발되고 있으며, 일부 제품화가 시작되고 있습니다. LED 칩은 p형과 n형 반도체의 이종 접합hetero-junction 구조를 가지는데, 순방향으로 전압을 인가합니다. 그러면 n형 반도체의 전극으로부터 주입된 전자와 p형 반도체로 주입된 정공이 각각의 반도체 영역, 즉 서로 다른 에너지 대역으로 이동하여 p-n 접합부 부근에서 밴드 갭을 넘어 결합합니다. 이때 밴드 갭에 해당하는 에너지가 빛으로 방출됩니다. (☞38쪽 LED의 원리와 구성 그림 참조)

LED는 화합물 소재의 에너지 준위인 밴드 갭에 따라서 빛의 색깔이 달라지며, 빛의 밝기는 전류에 비례합니다. LED는 효율이 높고 수명이 수만 시간 이상으로 매우 깁니다. 단일 소자들로 광 통신이나 단일 광원 등으로 이용되고 있으며, 소자들을 어레이로 만들어서 조명이나 디스플레이에 활용하고 있습니다. 또한 소재 선택에 따라 가시광선은 물론이고 자외선, 적외선 영역의 발광까지도 가능합니다. 범용화된 소자와 소재들을 나열해 보면, AlGaAs는 적외선이나 빨간색, AlGaInP는 오렌지색·노란색·녹색, AlGaN, GaN, InGaN 등은 녹색·파란색·보라색 그리고 자외선, GaAsP는 노란색·빨간색·오렌지색, GaP는 빨간색·노란색·녹색, ZnSe는 녹색·파란색 등이 있습니다. 기판으로는 사파이어와 탄화규소 등이 주로 사용되며, 규소 기판은 개발 중입니다.

LED는 1907년 고체상의 재료에서 빛이 방출되는 현상을 우연히 발견한 실험으로부터 비롯되었습니다. 1920년대 중반에 처음으로 독립적인 LED 발광 소자가 만들어졌으며, 1962년에 미국의 제너럴 일렉트릭General Electric, GE에서 붉은 가시광선이 나오는 실용적인 LED를 최초로 개발하였습니다. 개

컬러	LED 빛	LED 물질	파장(nm)
	적외선	GaAlAs/GaAs - Gallium Aluminum Arsenide/Gallium Arsenide	940
	적외선	GaAlAs/GaAs - Gallium Aluminum Arsenide/Gallium Arsenide	880
	적외선	GaAlAs/GaAs - Gallium Aluminum Arsenide/Gallium Arsenide	850
	High Eff. Red	GaAsP/GaP - Gallium Arsenic Phosphide/Gallium Phosphide	635
	Super Red	InGaAlP - Indium Gallium Aluminum Phosphide	633
	Yellow	GaAsP/GaP - Gallium Arsenic Phosphide/Gallium Phosphide	585
	Lime Green	InGaAlP - Indium Gallium Aluminum Phosphide	570
	Pure Green	GaP/GaP - Gallium Phosphide/Gallium Phosphide	555
	Blue Green	SiC/GaN - Silicon Carbide/Gallium Nitride	505
	Super Blue	SiC/GaN - Silicon Carbide/Gallium Nitride	470
	Ultra Blue	SiC/GaN - Silicon Carbide/Gallium Nitride	430

LED 스펙트럼

발 직후에는 주로 계측·측정 장비의 표시등으로 사용되었으며, 1970년대 초반에는 7 세그먼트 표시 장치에 사용되었습니다. 이후 다양한 반도체 재료의 개발로 노랑, 초록, 주황 등을 내는 LED들이 출현하여 여러 표시 소자에 사용되면서 일상으로 보급되었습니다. 초기에는 낮은 주파수 대역의 빛들을 주로 만들었으며, 가격도 매우 높았습니다.

    1990년대 초반 일본에서 GaN$^{Gallium\ Nitride}$ 기반의 파랑 LED 개발에 성공하였고, 이를 토대로 효율적인 초록 LED까지 개발되어 빛의 3원색을 LED로 구현할 수 있게 되었으며, 백색 LED까지 만들었습니다. 이와 같이 LED의 개발이 빨강, 파랑, 초록 순으로 개발된 이유는 발생되는 빛에너지의 크기 차이로, 에너지가 작은 물질이 다루기가 상대적으로 용이하기 때문입니다. 특히 빛의 3원색으로 디스플레이를 커버할 수 있는 빨강·파랑·초록 LED의 개발 과정이 흥미롭습니다. 1980년대 중순까지 빨강 LED는 실용화되었지만, 실용성이 있을 정도로 높은 휘도를 갖는 파랑 LED는 출현하지 못하였습니

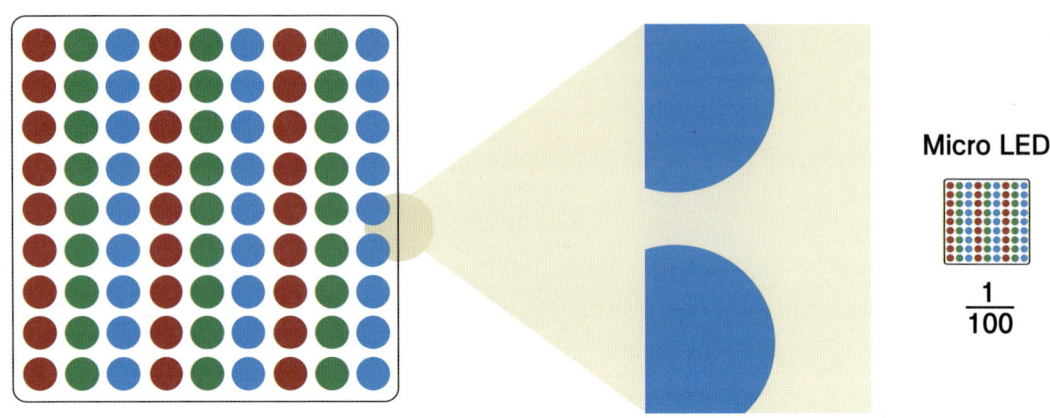

LED와 Micro LED의 크기 비교 도식화

다. 그리고 노랑이 섞인 초록 LED는 있었지만, 순수한 초록 LED는 파랑 LED 이후에 역시 GaN계 재료를 통해 얻어지면서 비로소 LED로 RGB가 구현되었던 것입니다. 백색 LED의 개발도 만만치 않았습니다. 백색은 연속된 스팩트럼의 색들이 얻어져야 가능한 색이므로 특정 파장을 내는 LED로 구현하기에는 한계가 있습니다. 주로 형광체를 이용하고 있으며, RGB 3색의 LED를 묶어서 백색을 얻는 경우도 있습니다.

1990년대 중반 빨강 LED의 광 효율이 백열전구 수준을 넘어섰고, 2000년대에 들어서면서 형광등 수준을 능가함으로써 조명과 LCD의 BLU^{Back Light Unit}에 본격적으로 이용되었습니다. 2004년 소니에서 최초로 LCD TV에 LED BLU를 적용하였고, 이후 LED BLU를 채택한 LCD TV는 'LED TV'라는 브랜드로 확산되고 보급되면서 종래의 후면 광원이었던 CCFL^{Cold Cathode Fluorescent Lamp}은 더 이상 사용되지 않게 되었습니다. 최근에는 LED 칩들을 더욱 소형화시켜, 칩의 크기가 100~50마이크론 이하인 RGB LED들을 디스플레이의 화소에 배열함으로써 영상을 만들어내는 마이크로 LED로 진화하였습니다. 2018년 국제전자제품박람회^{CES}에서 삼성전자는 146인치 크기의 마이크로 LED TV를 선보인 바 있습니다. 현재에는 삼성전자 등에서 초기 제품을 출하하면서 시장을 확장해 가고 있습니다. 따라서 향후 TV의 세계는 현재 거의 완성된 OLED TV와 여전히 진화 중인 QLED TV, 그리고 막 태어난 마이크로 LED TV의 격전지가 될 듯합니다. 이에 대해서는 나중에 좀 더 소상히 기술하겠습니다. LED, 디스플레이의 주변에서 중심으로 화려하게 이동하고 있는 '마이크로 LED'를 기억하세요.

수식으로 원리를 잡다!

광자의 에너지 & 파장 변환식

$$c = \lambda \nu$$
$$E = h\nu = \frac{hc}{\lambda}$$

- c = 광속 (3×10^8 m/s)
- λ = 파장
- ν = 광자의 진동수
- E = 광자의 에너지
- h = 플랑크상수 (6.626×10^{-34} Js)

광자는 파장(진동수)과 에너지로 특정지어진다.
광속은 광자의 진동수와 파장의 곱이다.
또한 빛의 에너지는 진동수에 비례하며, 이 비율이 양자역학의 기본 상수인 플랑크상수이다.
LED에서는 물질에 따라 방출하는 빛의 파장이 달라진다.
AlGaAs는 파장이 비교적 긴 적외선이나 빨간색 빛을 방출하고, GaN이나 AlGaN은 파장이 비교적 짧은 파란색, 보라색 빛을 방출한다.
이때, $\lambda = \frac{c}{\nu} = \frac{hc}{E}$에 의해 파장이 긴 빛은 진동수와 에너지가 작은 빛이고, 파장이 짧은 빛은 진동수와 에너지가 큰 빛이다. ∞

더 생각해보기

- LED는 어떻게 빛을 만들까?
- LED는 빛을 내는 반도체 칩 형태에서 어떻게 디스플레이에 기여해 왔을까?
- LED는 디스플레이의 조력자에서 실제 주연 배우가 될 수 있을까? 그렇다면 어떤 과정으로 어떻게 발전할까?

유기 발광 다이오드(OLED)

OLED는 전계 발광에 의해 동작하는 자발광 디스플레이입니다. 현재까지의 디스플레이들 중에서 가장 얇은 두께를 가지고 있고 공정 온도가 낮아 유리 기판은 물론이고 플라스틱 기판에도 만들 수 있으므로 휘거나 말 수 있는 디스플레이로도 제작되고 있습니다. 크게 보면 동작 원리는 LED와 같으나, 두 개의 전극인 양극과 음극은 투명 전극이나 금속과 같은 무기물이고 두 전극 사이의 나머지 층들은 모두 유기물이라는 점이 LED와 다릅니다. OLED는 두 전극 간의 유기물이 분자량이 작은 저분자인지 큰 고분자인지에 따라 저분자 OLED와 고분자 OLED로 구분됩니다. (분자량이 1,000 이하이면 저분자, 10,000 이상이면 고분자로 분류하죠. 1,000에서 10,000 사이는 올리고머로 부릅니다. 다만, OLED에서는 저분자와 고분자를 분자량 10만 정도를 기준으로 합니다.)

지금 제품으로 나오고 있는 OLED는 저분자 OLED들입니다. 동작 원리를 살펴보면, 양극에서 주입된 정공들은 정공 주입층, 전송층을 지나면서 발광층에 도착하고, 반대쪽인 음극에서 주입된 전자들 역시 주입층, 전송층을 지나서 발광층에 도달합니다. 발광층에서 정공과 전자들이 만나서 결합 과정을 거치면서 들뜬상태의 결합체인 여기자 exciton를 만듭니다. 여기자는 말 그대로 결합은 되었으나 여기상태 excited state에 있는 경우로, 전자가 에너지를 흡수하여 기존의 상태보다 들뜬상태에 해당합니다. 이러한 여기상태는 일시적으로 불안정한 상태인데, 안정한 상태인 기저상태 ground state로 다시 돌아가면서 그 차이에 해당하는 에너지가 빛으로 만들어지죠. 전자나 정공의 입장에서 보면 주입, 전송, 여기자 형성, 발광의 4단계를 거치게 되는 거죠.

OLED는 유기 재료에서의 전계 발광에서 비롯되었는데, 1963년 뉴욕 대학교의 포프 M. Pope 교수가 유기 결정에서의 전계 발광을 최초로 보고하였습니다. 1987년 이스트먼 코닥의 연구진들에 의해 가능성 있는 OLED가 최초로 발표되었고, 2층의 전극과 2층의 저분자 유기막으로 구성된 저분자 진공

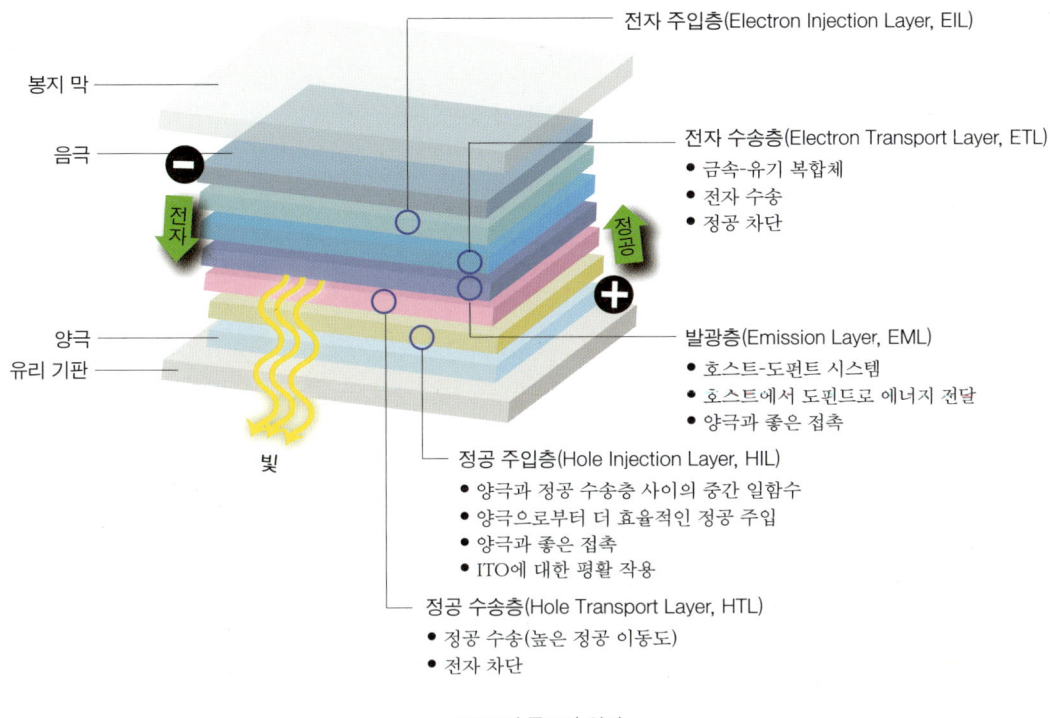

OLED의 구조와 원리

증착 방식으로 제작되었습니다. 한편 고분자를 이용한 OLED는 전도성 고분자의 개발과 함께 발전하였습니다. 전도성 고분자는 1977년 캘리포니아 대학교의 연구진이 개발하였으며, 이후 1990년 캠브리지 대학교의 연구진에 의해 고분자 OLED가 출현하게 되었습니다. 1998년 고효율 OLED의 원천 기술인 인광 OLED[Phosphorescent OLED, PHOLED]가 프린스턴 대학교와 남캘리포니아 대학교의 연구진에 의해 개발되면서 효율을 비롯한 성능이 크게 개선되었으며, 코닥과 산요가 능동 구동형 OLED[AM-OLED]를 발표하기에 이르렀습니다. 여기서 잠깐 OLED 발전에 획을 그은 연구 결과들을 살펴보죠.

1906년, 유기 화합물인 안트라센(Anthracene)의 결정에서 광도전 현상 발견(A. Pochettino)
    (안트라센은 콜타르에서 추출된 고체 상태의 탄화수소로 목재 보존제, 살충제, 코팅 재료 등으로 사용)
1963년, 수십 마이크로 두께의 안트라센 단결정에 400V 전압 인가, 발광 현상 발견(뉴욕대, M. Pope 등)
1982년, 진공 증착으로 안트라센 박막 제작, 발광 소자 제작(제록스, P.S. Vincett 등)
1987년, 저분자 다층 박막 발광 소자 제작(코닥, C.W. Tang 등)
1997년, 차량용 오디오에 적용된 최초의 PM-OLED 패널 출시(파이오니어)

2003년, 최초의 AM-OLED 패널 적용 제품 출시(Sanyo Kodak Display, SKD)

2003년, Tandem 구조 OLED 개념 최초 도입(야마가타대, J. Kido)

2005년, TADF(Thermally Activated Delayed Fluorescence) 소자 제작(규슈대, C. Adachi)

2007년, 모바일 기기용 소형 AM-OLED 양산 시작(삼성 SDI)

2013년, TV용 대형 OLED 패널 양산 개시(LG 디스플레이), OLED TV 출시(LG 전자)

2015년, 초형광(hyper fluorescence) 소자 제작(규슈대, C. Adachi)

이러한 연구 결과들을 거쳐 OLED의 제품화가 진행되었습니다. 그 과정을 연도별로 따라가 보죠. 1996년 일본의 파이오니어가 자동차 오디오용 단색 디스플레이를 출시하였습니다. 2003년 코닥은 카메라 디스플레이용으로 컬러 AM-OLED를 출시하였습니다. 2007년에는 소니가 최초로 11인치급 OLED TV를 상용화하였습니다. 그러나 소량 생산에 그치고 더 발전하지 못하였고 2012년에는 OLED TV 사업에서 잠정적으로 철수하였습니다. 하지만 2007년 삼성은 스마트폰 적용을 목표로 모바일 기기용 디스플레이 성장을 주도하였고, LG는 TV용 OLED를 출시하면서 비로소 OLED가 꽃을 피우게 됩니다. 2013년 LG는 백색 OLED에 컬러 필터를 적용한 방식으로 50인치급 이상의 OLED TV를 상용화하였고, LCD와의 본격적인 경쟁을 시작했습니다. 이후 중소형 모바일 기기 시장에서는 LCD를 넘어섰고, 대형 프리미엄급 TV 시장에서는 양자점 광원을 적용한 LCD, 즉 QLED^{Quantum dot LED}와 치열한 경쟁을 하고 있습니다. 현재는 88인치-8K급 OLED TV가 상용화되었고, 소형 모바일 기기

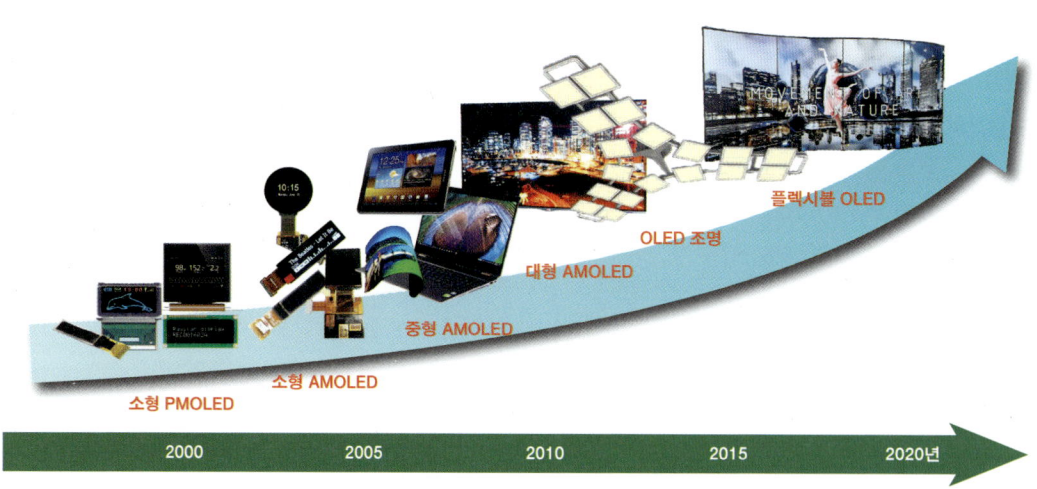

OLED 제품들의 발전사

로부터 대형 TV에 이르기까지 넓은 시장을 차지하고 있습니다. 플라스틱 기판 위에 제조되는 특징을 이용하여 접는 foldable 스마트폰과 말 수 있는 rollable TV 제품들이 등장하는 등 OLED는 디스플레이 시장에서 LCD와 함께 쌍두마차로 시장을 넓혀 가고 있습니다.

 더 생각해보기

- OLED에서 전자와 정공이 빛을 만들어 가는 과정을 고등학생에게는 어떻게 설명할까?
- OLED가 기술적 성능면에서 지니고 있는 약점은 무엇일까?
- OLED는 LCD와의 경쟁에서 왜 고전을 하거나 경합을 하며 쉽게 이기지 못할까?
- OLED가 경쟁 디스플레이들과 완전한 차별성을 가지기 위해서는 어떤 특징들이 발휘되어야 할까?

박막 전계 발광 소자(TFELD)

전계 발광^{EL} 소자는 세부적으로 어떠한 원리를 적용하느냐에 따라 LED와 OLED, 그리고 지금은 다소 친숙하지 않은 전계 발광 소자$^{ElectroLuminescent\ Devices,\ ELD}$로 구분됩니다. LED는 반도체의 p-n 접합 부근에서 발생하는 전자-정공 재결합 과정의 복사성 전이를 이용하고, OLED는 유기물질 내에서 전자-정공쌍의 결합을 이용합니다. 그에 비해 ELD는 발광 중심이 첨가된 매질 내에서 고에너지의 전자가 생성되고, 이러한 전자들이 발광 중심을 충격 여기$^{impact\ excitation}$할 때 발생되는 현상을 이용합니다. 특히 전자가 높은 전기장 내에서 에너지를 얻기 때문에 '고전계 EL'로 설명되는데, 이러한 고전계 EL 소자는 다수 운반자인 전자가 우선적으로 소자의 물리적인 거동을 결정하게 됩니다.

고전계 EL 현상을 이용한 교류 구동형 TFELD$^{Alternating\ Current\ Thin\ Film\ ELD,\ AC-TFELD}$는 화면 역할을 하는 유리 기판 위에 빛이 나오는 방향으로 투명 전극인 인듐 주석 산화물$^{Indium\ Tin\ Oxide,\ ITO}$이 형성되고, 절연층, 발광층, 절연층이 순차적으로 박막 기술로 증착된 다음 후면 전극인 금속이 만들어지는 구조입니다. 투명 전극과 후면 전극 사이에 임계치를 넘는 교류전압이 인가되면 발광층에서 빛이 발생하고, 이 빛은 투명한 박막층들을 지나서 투명 전극이 있는 유리 기판 쪽으로 나오게 됩니다. 그 밖에도 직류 EL$^{Direct\ Current\ EL,\ DC-EL}$, 분말 공정을 이용하는 후막$^{thick\ film}$ EL 등이 있는데, 상징성이 강한 AC-TFELD를 설명하겠습니다.

AC-TFELD의 발광 현상은 1MV/cm 이상의 높은 전기장에서 에너지를 얻은 전자들$^{hot\ electrons}$이 발광 중심을 여기시키고 완화시키는 과정으로 설명됩니다. 즉, 발광층 내부에 형성되는 1차 전자들은 발광층과 절연층 사이의 계면 준위$^{interface\ states}$로부터의 터널링 효과를 통해, 발광층 내부의 깊은 준위로부터의 풀-프렌켈$^{Poole-Frenkel}$ 효과를 통해, 그리고 격자 결함에 의한 정공 포획 준위들로부터 발생되는 것으로 보고됩니다. 특히 절연층과 발광층 사이의 계면 준위에 포획된 전자의 터널링이 주요 과정

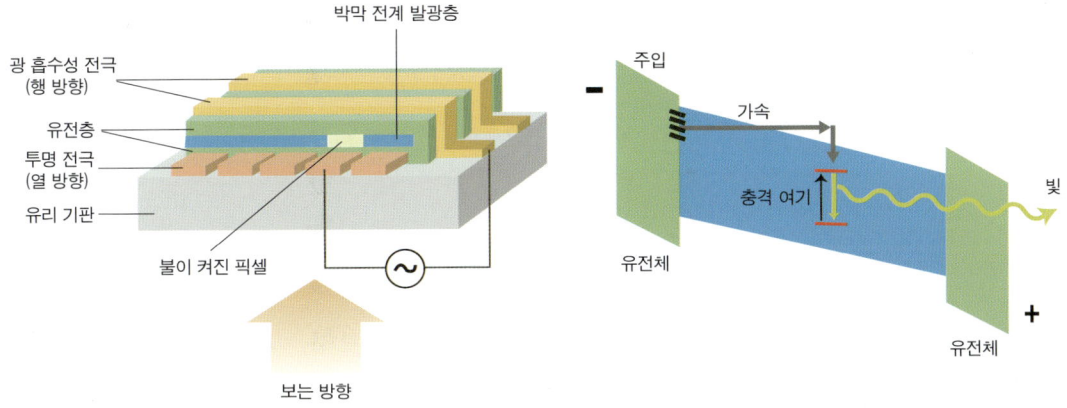

교류 구동형 TFELD의 구조와 원리 그리고 제품들

이라 할 수 있습니다. 좀 더 자세히 설명하면, 계면 전계에 의해 발광층의 전도대로 주입된 1차 전자들은 발광층 내의 전계에 의해서 에너지를 얻어 가속되며, 가속된 전자는 발광 중심 이온의 내각 전자를 직접적으로 충돌 여기 direct impact excitation 시킵니다. 이때 에너지를 획득한 내각 전자는 높은 에너지 준위로 여기되었다가 다시 기저상태(바닥상태)로 천이하면서 복사 과정을 일으키는 것이죠. 이 과정에서 에너지를 잃은 전자들은 반대편의 계면에 포획되었다가 외부 전압의 극성이 반전되면 같은 과정이 다시 반복되면서 연속해서 발광 과정이 진행됩니다. 따라서 AC-TFELD는 구동 주파수가 높을수록 휘도가 증가합니다.

고전계 EL 현상은 1936년 프랑스의 연구자 데스트리오 Georges Destriau에 의해 처음으로 관측되어 면광원이 가능하다는 점으로 주목받았습니다. 그러나 빛의 밝기와 수명 등의 문제가 있어 잠시 주춤하였으나, 1950년대에 투명 전극이 등장하고 박막 thin film 기술이 급속히 발전하여 본격적인 개발이 시작되었습니다. 1974년 일본의 샤프가 2중 절연층 구조의 TFELD 구조를 개발하였고, 1980년대와 1990년대에 이르러 미국의 플레이너 Planar 사가 제품에 가까운 시제품을 발표하였습니다. 이에 따라 미국의 라이트테크 Lite Tech와 럭셀 Luxell, 캐나다의 웨스테임 Westaim 등 TFELD 회사들이 속속 등장하였습니다. 당시에는 완전한 고체 디스플레이로서 내구성과 얇고 가벼움 등의 특징으로 마이크로 디스플레이, 군사용 디스플레이, 워크 스테이션 모니터 등으로 장래가 기대되었습니다. 하지만 동작 전압이 높고, 고품질 박막을 형성하는 과정에서의 생산성 문제가 드러났으며, 경쟁 기술인 LCD의 비약적인 발전 등으로 2000년대에 넘어오면서는 뒤로 물러서는 디스플레이가 되었습니다. 다만 EL 현상과 관련하여 축적된 지식과 아이디어들이 앞으로도 EL 계열의 디스플레이들, 즉 LED와 OLED의 발전에 뒷받침이 될 것은 자명합니다.

더 생각해보기

- AC-TFELD는 무기물, 박막, 유리 기판 등 유리한 특징들이 있음에도 불구하고 아직까지 왜 성공하지 못했을까?
- 학교와 연구소의 연구와 기업의 생산 사이에는 어떤 장벽들이 존재할까?

전계 발광(EL) 동작 기구들

전계 발광ElectroLuminescence, EL은 반도체 등의 물질에 전기장을 인가하면 발광하는 현상입니다. 다시 말해 전류를 흘리면 빛이 생성되는 현상이죠. 전기 발광, 전자 발광도 마찬가지입니다. 전계 발광은 주입형injection과 진성형intrinsic으로 구분할 수 있습니다. 주입형 전계 발광은 전계에 의해 전자와 정공이 각각 음극과 양극에서 주입되어 중간 부분에서 만나 (재)결합recombination하여 빛을 만들어냅니다. 진성형 전계 발광은 전자가 전기장에 의해 가속되어 에너지를 얻은 후 임의의 발광 중심과 충돌하고 발광 중심을 여기, 즉 충격 여기impact excitation시키는 과정에서 빛이 나옵니다. 주입형 EL에서는 전자와 정공을 움직일 정도의 전기장으로도 충분하지만, 진성형 EL에서는 전자가 가속되어서 발광 중심과 충돌하고 여기까지 이르러야 하므로 수 MV/cm 정도의 큰 전기장이 필요합니다. 따라서 진성형 EL은

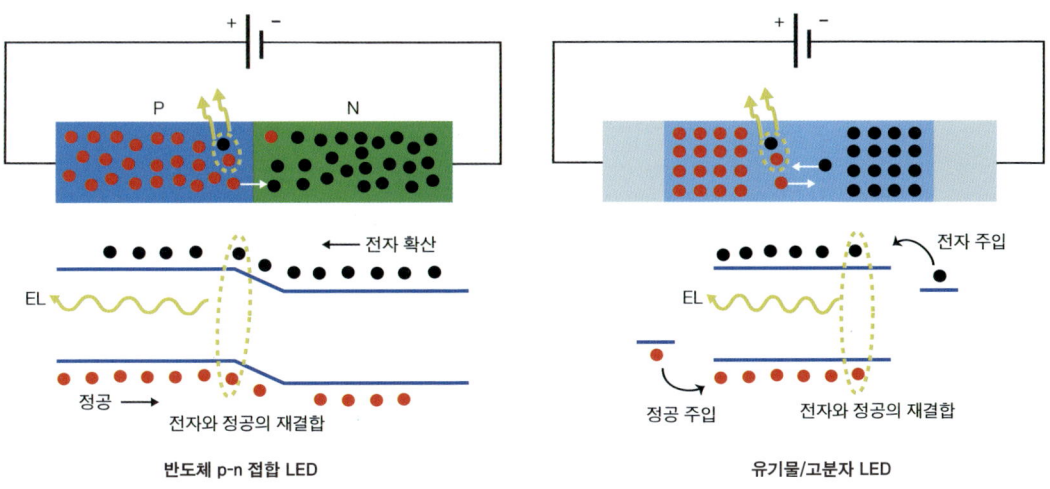

주입형 전계 발광의 원리

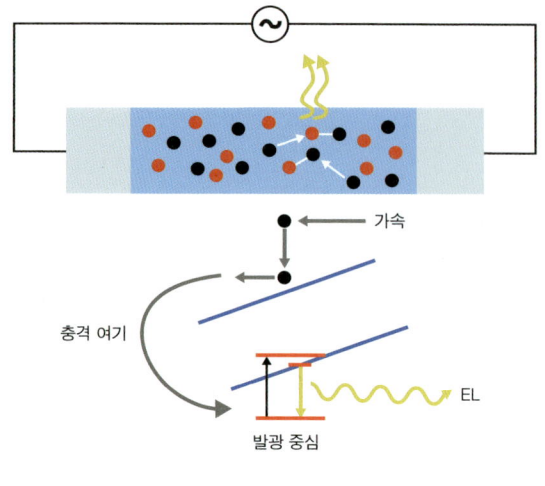

진성형 전계 발광의 원리

'고전계 EL'이라는 이름도 가지고 있죠.

주입형 EL은 1909년 영국의 라운드$^{H.J.\ Round}$가 광석 검파기를 연구하던 중 탄화규소$^{Silicon\ Carbide,\ SiC}$의 작은 조각에서 빛이 나는 것을 발견하면서 비롯되었습니다. 1922년 소련의 로세프$^{Oleg\ Losev}$는 연마용 탄화규소에 전극을 연결하고 전류를 흘려 발광을 유도했습니다. 이는 오늘날 LED의 시작이 됩니다. 진성형 EL은 1920년 독일의 구덴$^{B.\ Gudden}$과 폴$^{R.W.\ Pohl}$이 황화아연$^{Zinc\ Sulfide,\ ZnS}$ 물질에 전기장을 인가하면 빛이 만들어지는 현상을 발견하면서 시작되었습니다. 1936년 프랑스의 데스트리오$^{G.\ Destriau}$는 유전체로 피마자 기름을 칠한 ZnS에 전기장을 걸어 발광을 유도했습니다. 이는 오늘날 ELD의 시초가 됩니다.

앞서 설명한 전계 발광형 디스플레이들에 있어서 LED와 OLED는 주입형 전계 발광 소자에 해당하고, TFELD는 진성형 전계 발광 소자에 해당하죠. LED와 OLED 공히 주입형, 즉 전자와 정공의 결합을 이용합니다. 둘은 소재, 특히 발광 물질에 따라 구분됩니다. 즉, LED는 무기물을 사용하는 LED$^{Inorganic\ LED}$, OLED는 용어 그대로 유기물을 사용하는 LED$^{Organic\ LED,\ OLED}$입니다. 만일 금후에 OLED 구조에 양자점을 첨가한 QLED가 만들어진다면, 이는 유기와 무기가 융합된 LED로 LED란 이름을 부여해야 합니다. 이때 기존의 무기물 LED는 ILED$^{Inorganic\ LED}$로 불릴지도 모릅니다. 진성형 EL 또는 고전계 EL 소자는 구동 방식에 따라 교류형 소자와 직류형 소자로 구분되며, 사용되는 소재에 따라 분말이나 후막$^{thick\ film}$ 소자와 박막$^{thin\ film}$ 소자로 구분됩니다. 앞서 설명한 TFELD는 정확히는 교류 구동형 박막 ELD$^{AC\text{-}TFELD}$에 해당합니다.

더 생각해보기

- 전계 발광 원리를 세부적으로 분류·설명해 보고, 해당 디스플레이를 예시해 보자.
- 전계 발광은 디스플레이의 기본 원리이다. 이를 이용한 디스플레이들이 어떻게 발전해 왔고 발전해 갈지 말해 보자.

플라즈마 디스플레이 패널(PDP)

PDB는 광 발광PL 원리를 이용한 자발광형·직시형 디스플레이입니다. 먼저 플라즈마를 이야기해 보죠. 플라즈마는 방전에 의해 생성되는 전하를 띤 기체로, 고체·액체·기체에 이은 제4의 물질 상태로 불리기도 합니다. '플라즈마'는 그리스어에서 유래하였는데, 1930년경 미국의 랭뮤어Irving Langmuir가 전기 방전 실험을 할 때 발생한 이온화된 기체에 붙인 이름입니다. 기체에 더 큰 에너지를 받아서 만들어지죠. 우주는 대표적인 플라즈마의 생산 기지이며, 번개·오로라·코로나 현상 등이 플라즈마 현상에서 비롯된 것입니다. 일상생활에서 볼 수 있는 네온사인, 형광등과 같은 방전관도 플라즈마를 이용합니다. PDP는 주로 후막 기술을 이용하여 제작됩니다. 두 장의 유리 기판 사이에 RGB 각각의 부화소들을 위한 공간이 있습니다. 그 공간 내를 채우는 방전 기체는 네온Ne, 아르곤Ar, 헬륨He 등인데, 이들의 혼합 기체가 바탕 기체buffer gas가 되고 자외선 발생을 위하여 소량의 제논Xe, 크세논을 첨가합니다.

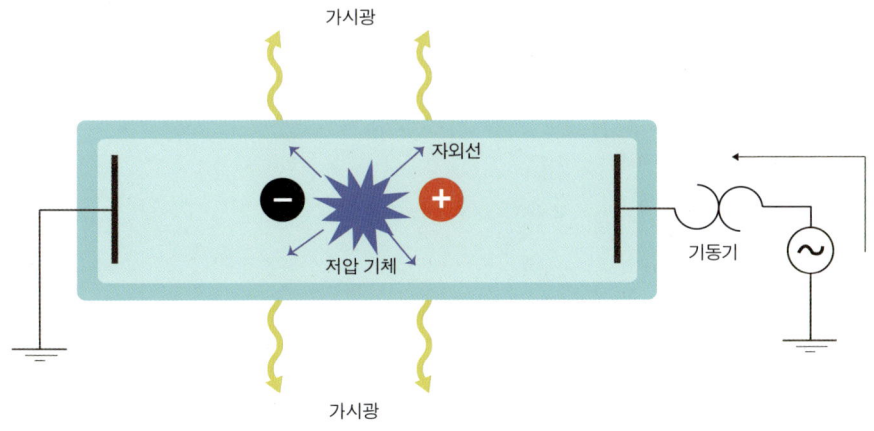

PDP의 원리

PDP는 직류형^{DC PDP}과 교류형^{AC PDP}이 있는데, 직류형은 전극이 방전 공간에 노출되어 있어서 이온 충격으로 손상이 일어나 수명이 짧은 반면 교류형은 전극이 유전체로 덮여 있어서 수명이 깁니다. 교류형 PDP는 대향 전극형과 면 방전형으로 구분되는데, 이 중에서 면 방전형이 주류를 이루고 있습니다. 여기에서는 교류형, 면 방전형 PDP의 구조와 원리를 설명하겠습니다.

부화소 내의 위쪽 기판에 유지^{sustain} 전극과 주사^{scan} 전극을 나란히 배치하고, 아래쪽 기판에는 신호^{address} 전극을 수직으로 교차합니다. 위쪽 기판 쪽으로 빛이 나오므로 상부 전극으로는 투명 도전막을 사용합니다. 하지만 전도도 확보를 위해 투명 전극의 양쪽 끝부분에 알루미늄이나 크롬/구리/크롬으로 버스^{bus} 전극을 형성하고, 이 위에 유전층과 MgO 보호막을 코팅합니다. 보호막은 이온의 스퍼터링으로부터 유전층을 보호하는 역할을 합니다. 그리고 하부 기판의 신호 전극 위에도 유전체를 도포합니다. 따라서 방전은 유전층으로 덮여진 전극들 사이에서 일어나고, 또 유지됩니다. 특히, 방전 전극 간의 갭 전위는 외부 인가 전위와 유전체의 벽에 쌓인 전하들로 인한 벽 전위의 합으로 주어지며, 따라서 방전 유지 전압이 개시 전압보다 작게 됩니다. 이를 PDP의 동작 여유 또는 기억 특성이라고 합니다. 이와 같이 PDP의 부화소 공간 안에는 기체를 방전시켜 플라즈마를 생성하고, 생성된 플라즈마를 유지시킬 수 있는 전극들이 구성되어 있습니다. 그리고 전기적인 절연을 위한 절연체, 전극을 보호하기 위한 보호막, 방전 공간을 구분하는 격벽, 그리고 플라즈마로부터 발생한 자외선^{UltraViolet ray, UV}에 의해 여기되고 발광되는 RGB 형광체가 코팅되어 있습니다. (☞27쪽 PDP의 구조 그림 참조)

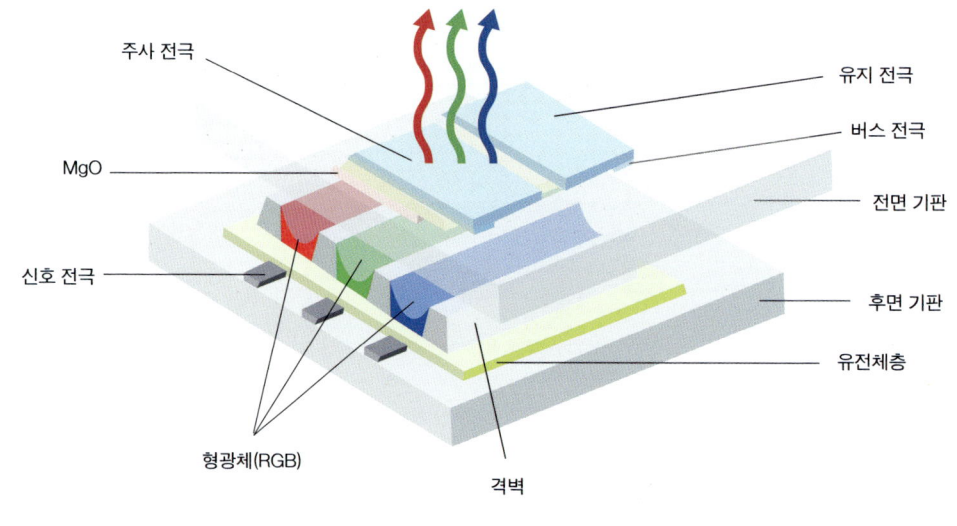

교류 구동형 PDP 패널

PDP의 동작 과정을 살펴보면, 개별 부화소 내부의 형광체에 따라 색상이 정해지며, 각각의 부화소는 상부와 하부 전극 간의 개별 방전을 거쳐 발광합니다. 먼저, 안정화 단계로 주사/유지 전극과 유지 전극들 사이에 전압이 인가되고 예비 방전이 진행되는데, 이는 형광등의 안정화 과정과 유사합니다. 다음으로, 데이터 전극의 전압 인가로 선택된 화소에 벽 전하(wall charge)를 형성하고, 이어서 발광 및 유지 단계에서는 유지 전극과 주사 전극 사이에 교류 전압을 인가하여 방전 후 발광을 유지시킵니다. 이때 인가되는 교류전압의 주파수가 발광 횟수를 조절하고 휘도를 결정합니다. 끝으로, 소거 단계에서는 인가 전압을 낮추어 플라즈마가 소실되면서 벽 전하도 제거됩니다.

PDP의 개념은 18세기에 인공적으로 가스 방전을 유도하기 시작하면서 형성되었습니다. 1927년 미국의 벨 시스템에서 개발한 단색 PDP TV가 세계 최초의 PDP인데, 이는 1929년에 개발된 CRT TV보다도 2년이나 앞섭니다. 1954년 직류형 PDP가 발명되었고, 1964년 미국 일리노이 대학교에서 교류형 PDP를 발표하였습니다. 당시에는 CRT의 라인 스캔과 발광 방식으로 인해 모니터상에 정지 화면을 유지하기 위해서는 비싼 메모리와 스캐너가 필요하였습니다. 따라서 CRT의 대안으로서 메모리 기능이 있는 디스플레이를 개발하는 것이 목표였고, 그에 따른 연구가 진행되었습니다. 그러다 1966년 매트릭스형의 초기 모델이 소형 컴퓨터용 모니터로 상용화하였으나, 반도체 기술의 발전에 따른 CRT용 메모리와 스캐너의 가격이 낮아지면서 경쟁력을 상실하였습니다. 하지만 PDP는 CRT와 비교할 때 얇은 두께, 높은 시인성, 넓은 시야각 등의 장점이 있어서 거치형 오락기, 계산기, 계측기, 소형 TV 등에 일부가 활용되었습니다. 이후 CRT가 대형화 및 평판화에 어려움을 겪으면서 평판디스플레이(FPD)에 대한 시장의 요구가 커졌고 PDP가 본격적으로 개발되기 시작하였습니다. 1992년 일본의 후지쯔에서 21인치 컬러 PDP TV를 세계 최초로 개발하고 상용화에 성공하였습니다. 이를 시작으로 1995년 42인치 컬러 PDP TV의 상용화가 이루어졌고, 오리온 전기, 삼성, LG 등 한국 기업들의 적극적인 합류가 이어지면서 2008년에는 150인치의 UHD(Ultra High Definition)급 PDP TV를 시연하는 등 LCD와 평판

디스플레이 시장에서 경쟁을 하였습니다. 그러나 주요 경쟁 제품인 40인치 이상의 디스플레이에서 LCD 대비 낮은 해상도, 높은 전력 소비, 상대적으로 큰 부피와 무게 등으로 인해 경쟁력을 잃어 갔고, 결국 2013년 이후 전 세계적으로 생산을 중단하기에 이르렀습니다. (☞28쪽 PDP의 발전 과정 그림 참조)

PDP는 화소 내 가스 방전 발광 방식으로 인해 화면이 커질수록 휘도를 높일 수 있습니다. 일반적으로 40인치 이하에서는 LCD에 비해 어둡지만 40인치 이상에서는 대등하거나 더 밝게 만들 수 있습니다. 또한 화소의 크기가 휘도와 비례하고, 해상도와는 반비례하여 해상도를 충분히 올리기가 어려운데, 이를 해결하는 방안이 개발되기도 하였죠. 하지만 가격 상승으로 이어져 경쟁력 상실의 원인이 되고 말았습니다. 또한 플라즈마에 의한 형광체 열화와 수명 문제가 있었으며, 지금의 OLED와 유사한 번인burn-in 현상이 나타났고, 소비 전력에서도 자유롭지 못하였습니다. 더구나 고전력 회로를 비롯한 화상 데이터 유지 회로, 메모리 회로 등 회로부의 가격 부담이 있었죠. PDP가 이제는 떠나가고 있지만, TV 시장에서의 CRT가 휘청거리는 데에 결정적인 역할을 하였고, 1990년대 말부터 2000년대 초까지 10여 년간 이어졌던 LCD와의 경쟁은 멋지고 인상적이었습니다. 승자인 LCD가 QLED로 진화하여, 똑같은 경쟁을 OLED와 이어가고 있다는 점이 흥미롭습니다.

더 생각해보기

- 기체에서 공기와 플라즈마는 어떻게 다를까? 그리고 우리의 일상에서 플라즈마는 어떻게 이용될까?
- PDP는 어떤 특징과 장점들이 있을까?
- PDP는 LCD와의 경쟁에서 왜 져야만 했을까? 이기거나 공존할 수는 없었을까?

그 밖의 자발광 기구와 디스플레이 응용

　지금까지 음극 발광CL 현상을 이용한 CRT, FED, VFD를, 전계 발광EL 현상을 이용한 LED, OLED, TFELD를, 광 발광PL 현상을 이용한 PDP를 소개했습니다. 물론 현장에서는 이들 외에도 여러 다른 발광 현상과 이들을 실제 이용한 디스플레이의 연구 결과물들이 보고되고 있고, 더 나아가 개발 후 시제품이 발표되고 있습니다. 아직까지는 상용화나 제품화에 적용될 수준에 이르지 못하였지만 학술적 연구나 의욕을 가지고 시작하는 벤처들의 작품으로 등장하는 등 몇몇 기술과 원리들은 관심을 끌고 있습니다. 여기에서는 이러한 기술들의 기본인 빛이 만들어지는 원리와 디스플레이에 사용할 수 있는 발광 기구에 대하여 살펴봅니다.

　물체에서 빛이 만들어지는 이유는 매우 단순합니다. 모든 물체는 제각각 원자나 분자 구조를 가지고 있으며, 원자핵을 중심으로 전자들이 주위의 고유 궤도인 에너지준위에서 움직이며 존재하고 있습니다. 물체의 외부로부터 임의의 에너지가 전달되면, 전자들이 높은 에너지준위로 이동하였다가 다시 원래의 준위로 복귀하면서 에너지를 방출합니다. 이때 방출되는 에너지는 빛이나 열과 같은 전자기파로 이루어지는데, 열의 형태로 방출되는 경우를 열복사thermal radiation라고 합니다.

　태양으로부터 지구로 오는 전자기파도 열복사의 한 예입니다. 이때의 열, 즉 전자기파는 우리 눈에 보이기도 하고 보이지 않기도 하는데, 온도가 낮으면 적외선 쪽으로, 온도가 높을수록 가시광선, 자외선 쪽으로 파장이 짧아지면서 에너지는 커집니다. 적외선은 파장이 길어서 에너지가 낮은 편이라 화학적, 생물학적 반응은 잘 일으키지 못하고 주로 열을 전달하므로 열선이라고 합니다. 대략 우리 눈에 보이는 붉은색 정도가 500도로, 온도가 더 높아지면 주황색, 노란색, 파란색이 보이고, 1,400도 이상에서는 가시광선의 모든 파장이 섞인 하얀색이 보입니다. 이와 같이 열복사를 이용하여 빛을 보려면 높은 온도, 큰 에너지가 필요하게 되어 디스플레이에서는 적합하지가 않습니다.

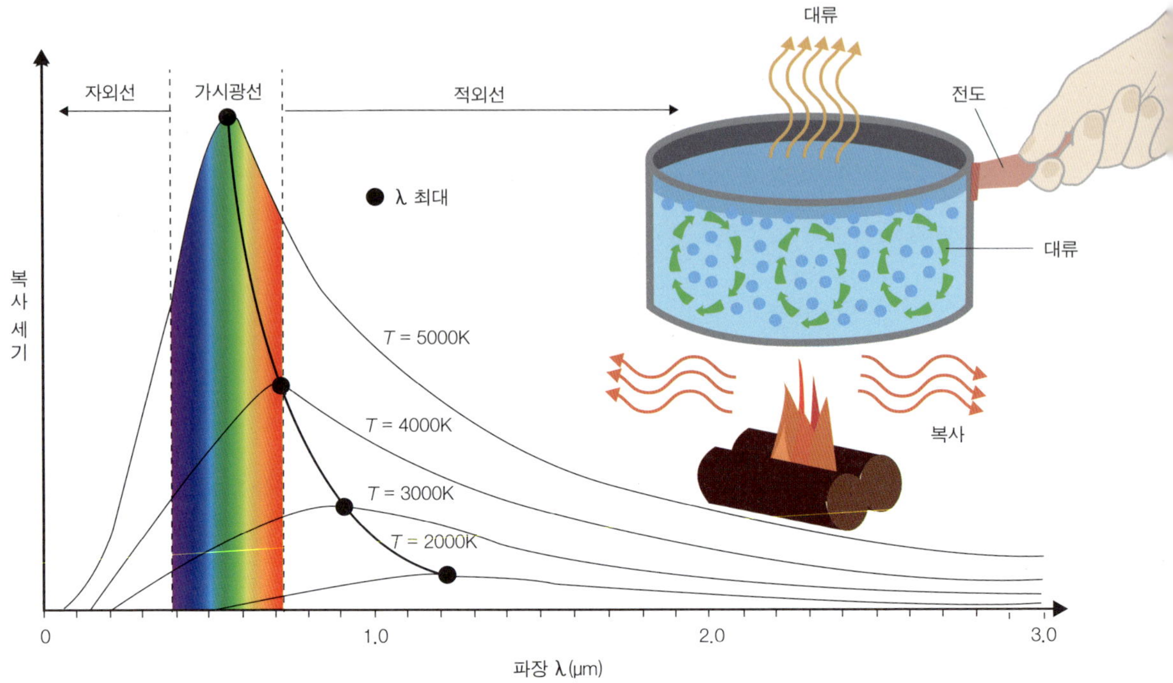

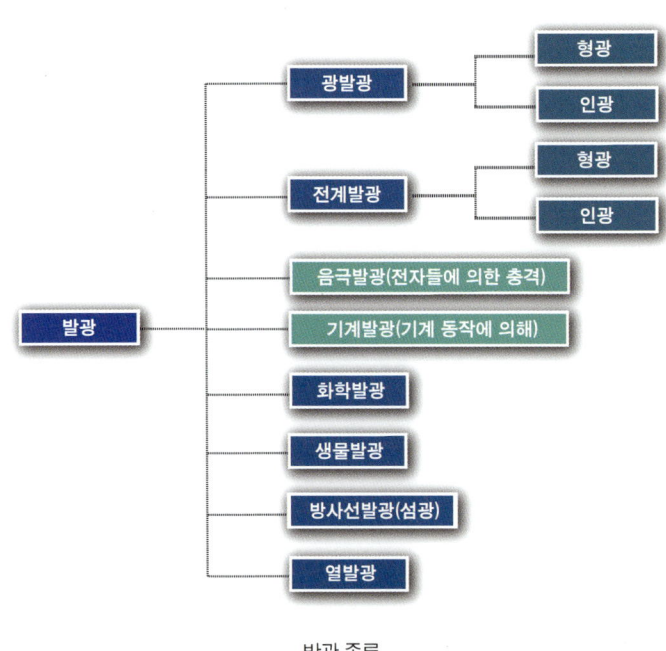

열복사와 스펙트럼

발광 종류

따라서 높지 않은 온도, 에너지에서 빛을 만들 수 있는 현상이 필요하게 되죠. 이를 발광luminescence이라고 합니다. 발광 역시 전자가 높은 준위로 올라가서 다시 내려오면서 빛을 만든다는 사실에는 변함이 없으나, 이때 사용되는 에너지의 형태는 다양합니다. 이미 자발광 디스플레이에 응용되고 있는 전자선, 전기장, 빛(광)에너지 이외에도 마찰이나 음파와 같은 물리적인 자극, 생물이나 화학반응 등도 있죠. 다만 정보 디스플레이로 쓰기 위해서는 입력

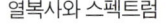

은 전기여야 합니다. 우리가 전기를 통해 임의의 에너지를 생성하거나 자극하여 빛을 만들 수 있다면, 얼마든지 디스플레이로서 가능성이 있습니다. 물론 생성되는 빛은 우리 눈으로 볼 수 있는 가시광선, 특히 빛의 3원색인 빨강, 초록, 파랑이면 더 바람직하겠죠. 그리고 전기가 들어가서 여러 과정을 통해 빛을 만들어내는 디스플레이를 자발광 self-emission 형이라 함은 자명합니다. 반딧불이와 같은 생물발광 bioluminescence, 밤낚시나 야간 응원 등에 쓰이는 발광 막대와 같은 화학발광 chemiluminescence, 그리고 전기화학발광 Electrochemiluminescence 등도 관심을 끌고 있습니다.

더 생각해보기

- 상용화된 디스플레이에 적용되었던 원리들 이외에 빛을 만들 수 있는 방법에는 무엇이 있을까? 있다면 디스플레이 적용은 어떻게 가능할까?
- 자연에서 관찰할 수 있는 발광에는 어떠한 것들이 있을까? 그 원리는 무엇일까?

수식으로 원리를 잡다!

슈테판 – 볼츠만의 법칙
(Stefan – Boltzman law)

⟨Radiative Power⟩

$$P = \epsilon \cdot \sigma \cdot A \cdot T^4 = j^* \cdot A$$

$$T = \left(\frac{P}{\sigma \cdot A \cdot \epsilon}\right)^{\frac{1}{4}}$$

⟨Stefan – Boltzman constant⟩

$$\sigma = \frac{2\pi^5 k^4}{15 c^2 h^3} = 5.67 \times 10^{-8} \, W \cdot m^{-2} \cdot K^{-4}$$

- P = 복사성 정격 [W]
- j^* = 복사 방사도 [$W \cdot m^{-2}$]
- ϵ = 방사율 (0~1)
- σ = 슈테판 – 볼츠만상수 (Stefan – Boltzman constant) [$W \cdot m^{-2} \cdot K^{-4}$]
- A = 면적 [m^2]
- T = 온도 [K]
- k = 볼츠만상수 (Boltzman constant) [$J \cdot K^{-1}$] ($k = 1.37 \times 10^{-23} \, J \cdot K^{-1}$)
- c = 빛의 속도 [$m \cdot s^{-2}$] ($c = 3 \times 10^8 \, m \cdot s^{-2}$)
- h = 플랑크상수 (Plank's constant) [$J \cdot s$] ($h = 6.626 \times 10^{-34} \, J \cdot s$)

수식으로 원리를 잡다!

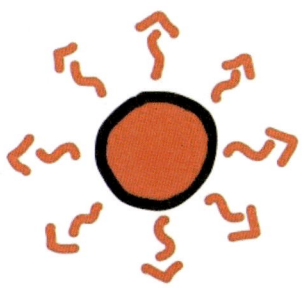

슈테판 – 볼츠만의 법칙은 흑체(black body)로부터 복사되는 전력을 온도에 대해서 표현한 법칙이다. 즉, 흑체의 단위면적당 복사에너지가 절대온도의 네제곱에 비례한다는 것인데, 이 법칙은 대류, 복사, 전도의 열 전달 방법 중에 복사에 의한 열 전달에 적용되는 법칙이다. 또한 이상적인 흑체에만 적용 가능한데, 이상적인 흑체란 파장과 관계없이 모든 입사 복사선을 흡수하는 물체이다. 이상적인 흑체에 대해서는 모든 파장에 대해 단위면적당 복사되는 단위시간당 총에너지 J^*에 복사면적 A를 곱하여 물체가 방출하는 복사 총 전력 P를 구할 수 있다. 모든 입사 복사선을 흡수하지 않는 물체에 대해서는 흑체보다 더 작은 에너지를 방출하기 때문에 방사율 ($\epsilon < 1$) 항을 적용하여 계산한다.

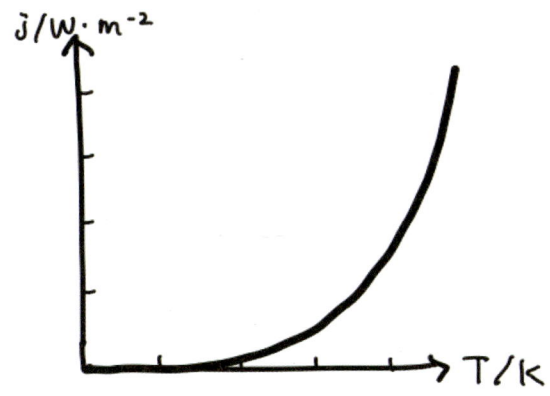

맥스웰 방정식 — 팔자

타고 태어난 재능
갈고 닦아온 기량

내 안의 것만큼이
내가 발휘할 수 있는 능력
그 능력만큼이
내가 살아갈 수 있는 팔자

계량하고 예측할 수 있어
할 수 있는 것은 하고
할 수 없는 것은 하지 않으면
그럭 저럭 괜찮은 팔자

성공하는 인생만큼이나
실패하지 않는 인생도
똑같이 소중한 팔자

내 안에 뿌린 씨앗
그만큼 밖에서 거두는 열매

Gauss's law

The static electric field points away from positive charges and towards negative charges, and the net outflow of the electric field through any closed surface is proportional to the charge enclosed by the surface.

전기영동 디스플레이(EPD) 그리고 전자 종이

'전자 종이Electronic paper, E-paper'란 어휘는 단지 하나의 확립된 기술을 말하는 것이 아니라, 특정 범주의 디스플레이 기술들로 이루어지는 응용 분야를 의미합니다. 아직까지는 표준 및 규격이 정립되어 있지 않지만 전자 매체와 종이 매체의 특징을 바탕으로 기술적인 응용 영역을 정의해 보는 것은 가능합니다. 전자 종이의 기능적인 특징으로 정보의 쓰기와 지우기, 소비 전력이 거의 제로인 상태에서의 정보 기억, 반사형 정보 표시, 유연성 등을 들 수 있습니다. 전자 종이는 대부분 직시형과 반사형이고, 스스로 빛을 낼 수 없는 비자발광형 디스플레이에 해당합니다. 종이는 빛을 내지 않으니까요.

최초의 전자 종이 모델은 자이리콘Gyricon으로 불리는 회전볼twist ball 방식의 디스플레이로서, 1974년 제록스 팔로 알토 연구소에서 고안하였습니다. '자이리콘'이란 용어는 그리스어에서 기원하는데 '회전하는 볼'이라는 뜻입니다. 이 모델은 탄성 중합체Elastomer 시트 사이에 채워진 투명 실리콘 오일에 100마이크론 크기의 입자들이 분산된 구조로 이루어져 있으며, 입자는 서로 다른 색과 서로 반대되는 극성으로 하전된 두 개의 부분으로 나누어져 있습니다. 입자들은 외부로부터의 전기장에 의해 자유로이 회전 및 이동을 하여 투명한 표면 전극 쪽으로 배열을 하고, 반사광의 파장을 변화시켜 영상을 표시할 수 있습니다. 이를 통해 종래의 종이 매체와 인쇄 기구를 대체할 수 있는 전자 종이가 시작되었답니다.

전자 종이는 1996년 MIT에서 시작한 전기영동 디스플레이ElectroPhoretic Display, EPD를 통해 획기적으로 변화하였고, 이를 토대로 1997년 E-Ink 사가 설립되어 현재까지 명맥을 유지하고 있습니다. 따라서 여기에서는 전자 종이의 대표로 EPD를 설명하고자 합니다. 전기영동electrophoresis은 유동성 매체 내에서 하전된 물질들이 전기장의 영향을 받아 이동하는 현상을 말합니다. 전기영동 방식을 적용한

EPD는 두 장의 플라스틱 기판 사이에 투명한 유체와 캡슐들이 샌드위치 형태를 이루고 있으며, 캡슐 내부에는 크기가 1마이크론 정도 되는 색깔을 띤 입자들이 하전된 상태로 용액 안에서 분산되어 있습니다. 캡슐을 전극과 연결한 뒤 전압을 인가하면, 전기영동에 의해 캡슐 내부의 흰색과 검은색 입자들이 각각 반대 방향으로 이동하면서 전압의 극성과 크기에 의존하여 색과 밝기를 표시합니다. 이는 인쇄된 종이와 같은 화질을 가지면서 광반사 효율이 신문과 비슷하고, 인가 전압으로 이동하는 입자들의 수를 조절하여 계조 표현이 가능합니다. (☞40쪽 E-Ink와 자이리콘의 전자 종이 구현 그림 참조)

E-Ink 사 이외에도 브리지스톤Bridgestone, 델타Delta, 시픽스Sipix 등이 전기영동을 이용한 전자 종이를 개발해 왔으나, 시장 확보와 LCD 기반 전자 종이와의 경쟁에서 밀려나 사업에서 물러났습니다. 다만 E-Ink 사는 2012년에 유일하게 남아 있던 시픽스(마이크로 컵 방식)를 인수하여, 현재에는 유일한 전기영동 기반의 전자 종이 업체로 남아 고군분투 중입니다. E-Ink 사는 2017년 CES Consumer Electronics Show에서 42인치 E-Ink 디스플레이를 발표하였습니다. 그 밖의 기술로 유체의 대전 상태에 따라 다른 젖음성wettability을 이용한 전기 습윤 디스플레이ElectroWetting Display, EWD, MEMS 공정 기반으로 빛의 위상차 간섭을 이용한 IMoDInterferometric Modulator Display와 몇몇 LCD 기반 전자 종이들이 종이 같은 디스플레이, 디스플레이 같은 종이를 만들며 경쟁하고 있습니다.

회전볼 방식의 전자 종이가 발표된 이래로 전자 종이와 관련된 다양한 기술들이 개발되어 왔으며, 이러한 기술들은 디스플레이 매체에 따라 3개의 기술 부류로 분류할 수 있습니다. '가역적인 색상 전환 반응을 이용하는 부류,' '액정 물질의 머무름Retention 현상을 이용하는 부류,' EPD와 같이 '컬러를 갖는 하전 입자들의 물리적인 배열을 이용하는 부류'죠. 이러한 기술들을 바탕으로 전자 종이의 종이 대체 노력은 꾸준히 진행 중이며, 고화질·고성능으로 무장한 LCD와 OLED 태블릿과의 경쟁 또한 계속되고 있습니다. 특히 도로 표지판, 반사형 사이니지, IoT와 접목한 스마트 태그 등에서 답을 찾으려 노력하고 있습니다. 우리는 메이저 리그 디스플레이들의 경쟁도 즐겁지만, 마이너로서의 고군분투에도 종종 감동을 받습니다.

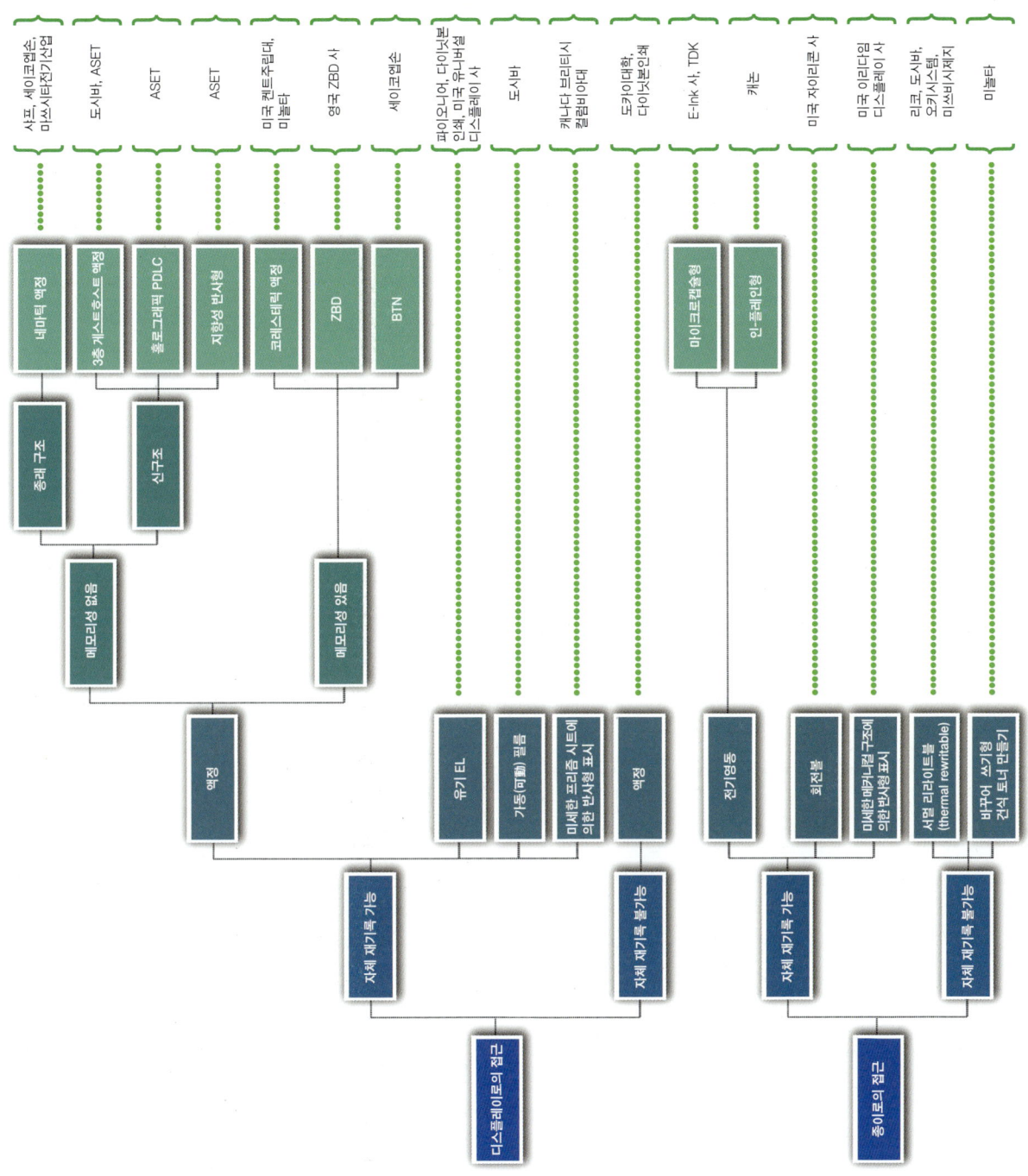

전자 종이를 만드는 기술들

수식으로 원리를 잡다!

제어 전압의 극성이 바뀌면, 전자 종이의 회전볼은 캐비티의 반대쪽 벽을 향해 회전한다.

그림은 캐비티 내의 회전볼이 회전하는 데 작용하는 힘을 나타낸다. 회전볼의 회전속도는 전기장의 세기, 회전볼 입자의 순전하, 유체의 점성, 입자의 반지름 등에 영향을 받는다.

회전볼 방식의 전자 종이의 발광은 캐비티 내의 회전볼의 회전 각도에 의존한다.

그래프는 회전볼의 회전각도에 따른 어두운 면적의 비율을 나타낸다.

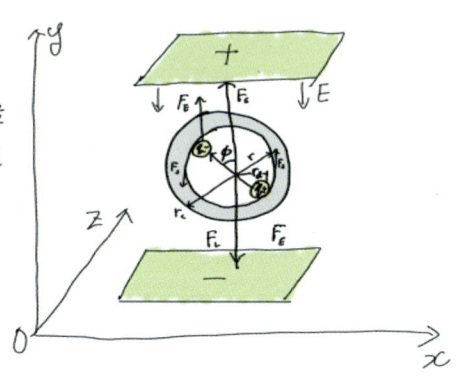

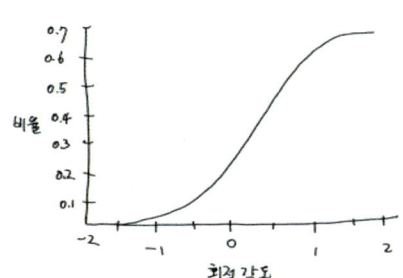

$$v = \frac{E \times q}{f} = \frac{E \times q}{6\pi \eta r}$$

v : 세기가 E인 전기장에 위치한 대전된 입자의 이동속도
E : 전기장의 세기 [V/cm]
q : 입자의 순전하
f : 입자와 유체의 마찰계수

* 스토크스의 법칙에 따르면, 점성이 η인 유체 속에 있는 반지름이 r인 구형 입자의 마찰계수 f는 $f = 6\pi \eta r$ 이다.

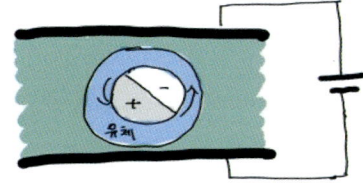

전자 종이에서 빠른 화면 전환을 나타내기 위해서는 볼의 회전속도 v가 빨라야 한다. 소모 전력을 높이지 않기 위해 전기장 E는 유지하고, 해상도를 유지하기 위해 입자 크기 r을 유지한다고 가정하면, 속도 v를 높이기 위해 입자의 순전하 q를 증가시키거나 입자가 들어 있는 유체의 점성 η을 낮춰야 한다.

더 생각해보기

- 종이만이 가질 수 있는 특징은 무엇일까?(디스플레이와 비교할 때)
- 전자 종이, 전자책은 꼭 필요할까? 필요하다면 어떤 특징을 살려야 할까?
- 전자책을 구현할 때, '디스플레이로의 접근법'과 '종이로의 접근법'은 어떻게 구별될까? 어떤 일례들이 있을까?

액정 디스플레이(LCD)

LCD는 스스로 빛을 내지 못하고, 별도의 광원이 필요한 디스플레이입니다. 모바일 기기에서 대형 TV에 이르기까지 직시형 디스플레이로서 널리 사용되고 있으며, 크기가 작고 해상도가 높은 마이크로 디스플레이 형태로서 투사형과 가상형 기기에서도 적용이 되고 있는 범용 디스플레이의 대명사입니다. 동작 원리는 창문 등에 설치하는 블라인드에서 찾을 수가 있는데, 블라인드 각도를 조절하여 실내로 들어오는 빛의 양을 조절하듯이 액정 Liquid Crystal, LC이 움직이면서 화면을 통과하여 나오는 빛의 양을 조절합니다.

빛의 경로로 작동 원리를 설명해 보죠. 후면이나 측면에 설

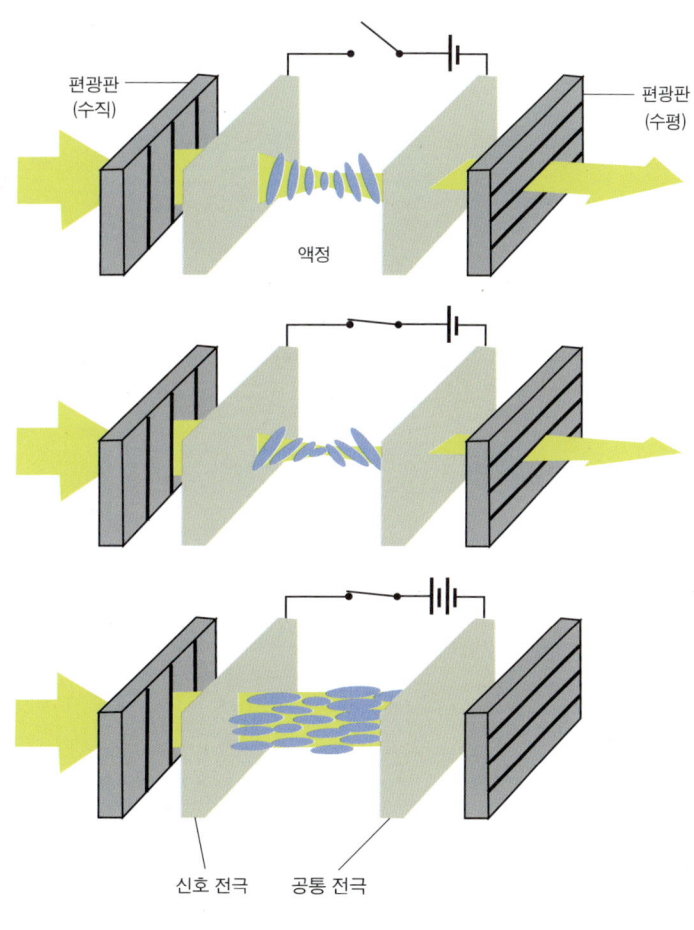

투과형 LCD의 밝기 조절

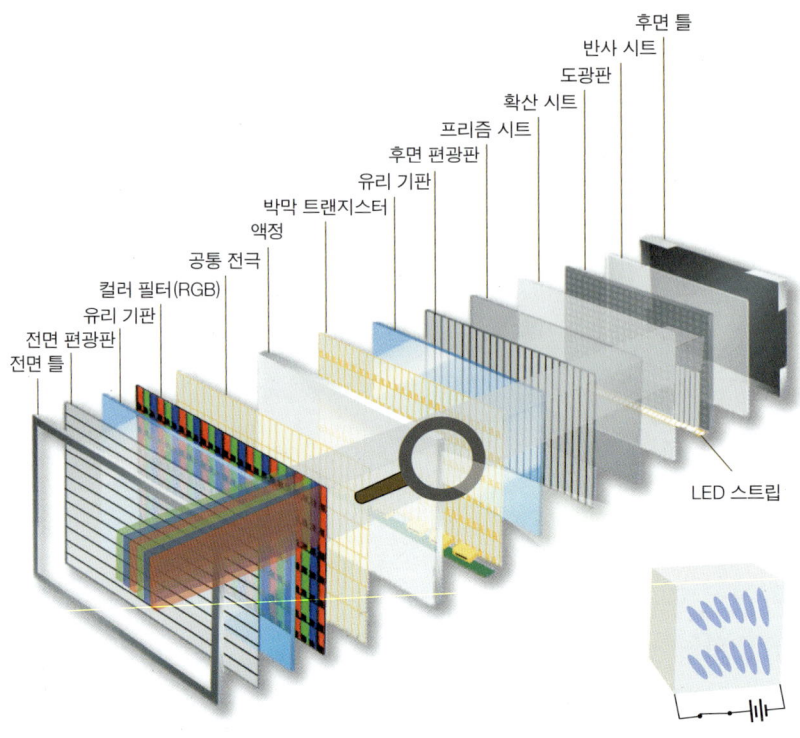

LCD의 구성과 동작 원리

치된 광원 BLU^{Back Light Unit}로부터 만들어진 빛이 편광판을 통과하면서 한쪽 방향으로만 진동하는, 조절이 용이한 빛으로 편광polarization of light됩니다. 이는 각 화소에 설치된 RGB 부화소들로 들어가서 선택된 부화소 창구를 통과합니다. 물론 선택은 각 부화소마다 설치된 박막 트랜지스터Thin Film Transistor, TFT 스위칭 소자에 의해 이루어지죠. 선택된 부화소에는 전압이 인가되어 전압의 크기만큼 액정이 회전하면서 빛이 통과하는 창의 넓이, 즉 밝기를 조절합니다. RGB 각각에 해당하는 3개의 부화소들을 통과한 서로 다른 밝기의 빛들이 마지막 단계로 RGB 컬러 필터를 통과하면서 화소의 색과 밝기가 결정됩니다.

  LCD는 실로 고진감래, 전화위복, 임전무퇴를 거치면서 생존해 온 디스플레이입니다. 어느 정도 자리를 잡았지만 스스로 빛을 만들지 못하는 디스플레이, 더디고 균형을 제대로 잡지 못하는 액정으로 인해 느린 디스플레이, 보는 각도에 따라 달리 보이는 디스플레이 등의 약점들이 후발 주자들이 보기에 만만한 점이었죠. 하지만 도전과 역경 속에서도 살아남았고, 발전하고 자리 잡기를 거듭하였습니다. 1888년 오스트리아의 식물학자가 액정을 발견하였고, 1950~60년대에 액정으로 빛을 조절하면서 디스플레이를 만들 수 있다는 가능성이 제시되었습니다. 1960년대 후반에 DSM^{Dynamic Scattering Mode}

모드와 TN$^{\text{Twisted Nematic}}$ 모드의 LCD가 발표되었으며, 1970년대 초반에 최초의 제품에 적용된 LCD가 출연하였습니다. 이후 LCD를 이용한 시계, 계산기 등이 연이어 출시되었고, 1980년대에는 TFT와 커패시터가 집적화된 능동 구동형 TFT LCD$^{\text{active matrix-type TFT LCD}}$를 선보이면서 노트북, PC, TV 영역으로까지 진입하였습니다. 2000년대에 들어서면서 현재에 이르기까지 발전을 거듭한 LCD는 소형 모바일 기기로부터 중형 태블릿, PC와 노트북 모니터, 대형 TV에 이르기까지 디스플레이 응용 전자 제품 대부분을 커버하고 있습니다. (☞29쪽 LCD의 역사 그림 참조)

느린 응답 속도는 더욱 속도가 빠른 액정을 개발하면서, 시야각 문제는 액정의 작동 모드 개선으로 해결하였습니다. 컬러와 화질은 후면 광원을 냉음극 형광 램프$^{\text{Cold Cathode Fluorescent Lamp, CCFL}}$에서 LED로, 그리고 양자점의 적용으로 발전적 교체를 하며 더욱 개선하였으며, 해상도는 반도체 공정의 적극 도입으로 최고를 이루었습니다. LCD의 진화 과정 속에서 최선을 다하는 노력과 적극적인 아웃소싱의 결정체를 볼 수 있습니다. OLED와의 진검 승부, 진정한 QLED로의 진화 과정은 지금도 흥분되고 흥미진진합니다.

 **더 생각해보기**

- LCD는 액체의 이용, 비발광형에도 불구하고 어떻게, 왜 디스플레이의 최강자 자리에 올랐을까?
- LCD가 지닌, 극복이 어려운 고유의 결점들은 무엇일까?
- LCD는 명암비, 색 구현 등에서 OLED보다 불리한 점들을 어떻게 극복해 왔을까?
- LCD가 소멸되지 않고 OLED와의 공존을 위해서는 어떤 전략을 마련해야 할까?

그 밖의 비자발광, 직시형 디스플레이들

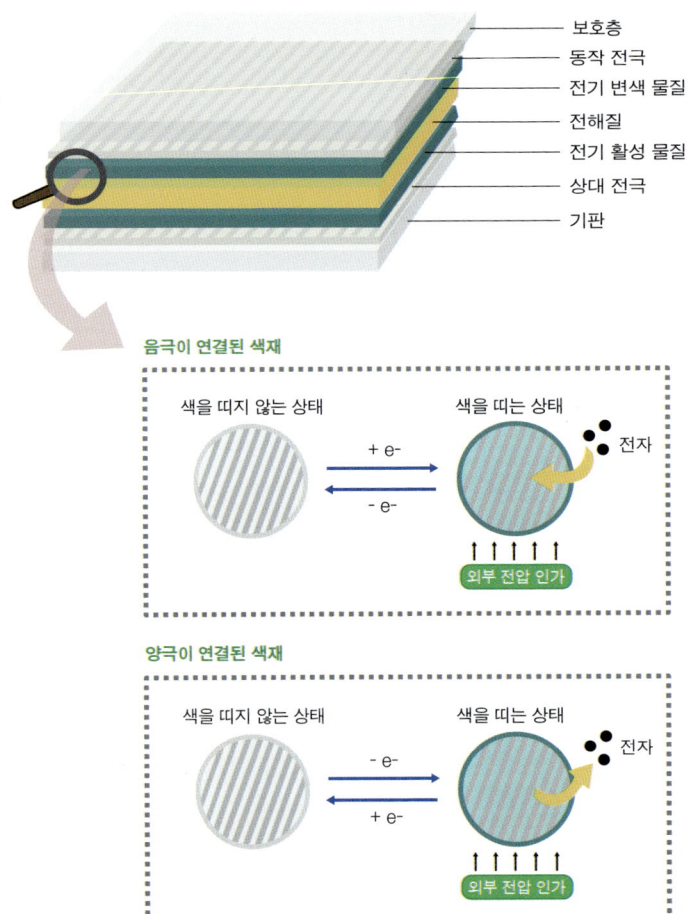

전기 변색 디스플레이(ECD)의 동작 방식

전자 종이를 선도하는 EPD와 디스플레이 맹주 LCD 이외에도 스스로 빛을 만들지는 못하지만 햇빛이나 별도의 광원을 이용하여 디스플레이로서의 시장 진입을 시도하거나, 어느 정도 진입 가능성을 보인 비자발광형 디스플레이들이 있습니다. 특히 전자 종이 분야에서 EPD 이외에 MEMS 기반의 DMS Digital Micro Shutter, 간섭 변조기 디스플레이 Interferometric Modulator Display, IMoD, 전기 변색 디스플레이 ElectroChromic Display, ECD, 전기 습윤 디스플레이 ElectroWetting Display, EWD 등을 들 수 있습니다. MEMS 기반의 디스플레이들에 관해서는 별도로 다룰 예정이므로, 여기에서는 ECD와 EWD 등 비자발광 디스플레이들 중에서 MEMS 분야에 속하지 않은 기술들을 설명하겠습니다.

ECD는 스마트 윈도우에 더 활발히 적용되는 소자입니다. 전기적으로 빛의 투과 정도를 조절하는 스마트 윈도우 기능이 정보 디스플레이로까지 확장된다면 디스플레이의 일종으로 인정될 것입니다. ECD는 전기 변색 물질에 전압을 인가하여 산화와 환원 반응을 유도하고, 이를 통해 전기화학적 상태를 변화시켜 색을 표현합니다. ECD는 빛의 3원색을 포함한 여러 색을 띠도록 할 수 있으며, 전압을 제거해도 일정 시간 동안에 색이 남아 있는 메모리 효과가 있어 여러 가지 색 표현이 가능한 전자 종이 디스플레이의 후보군에도 속해 있습니다.

EWD는 전기장에 의해 막의 표면이 소수성^{hydrophobic}과 친수성^{hydrophilic}의 특성을 가지도록 조절할 수 있는 현상, 즉 전기 습윤^{Electrowetting} 현상을 이용한 디스플레이입니다. EWD는 전압을 인가하여 물과 색 기름$^{colored\ oil,\ 색깔을\ 띤\ 기름}$이 함께 존재하는 표면의 물 젖음성을 변화시키면서 색 기름이 차지하는 면적을 조절하여 표면, 즉 화소에 해당하는 면적의 색과 밝기를 표시하는 방식으로 작동합니다. 막의

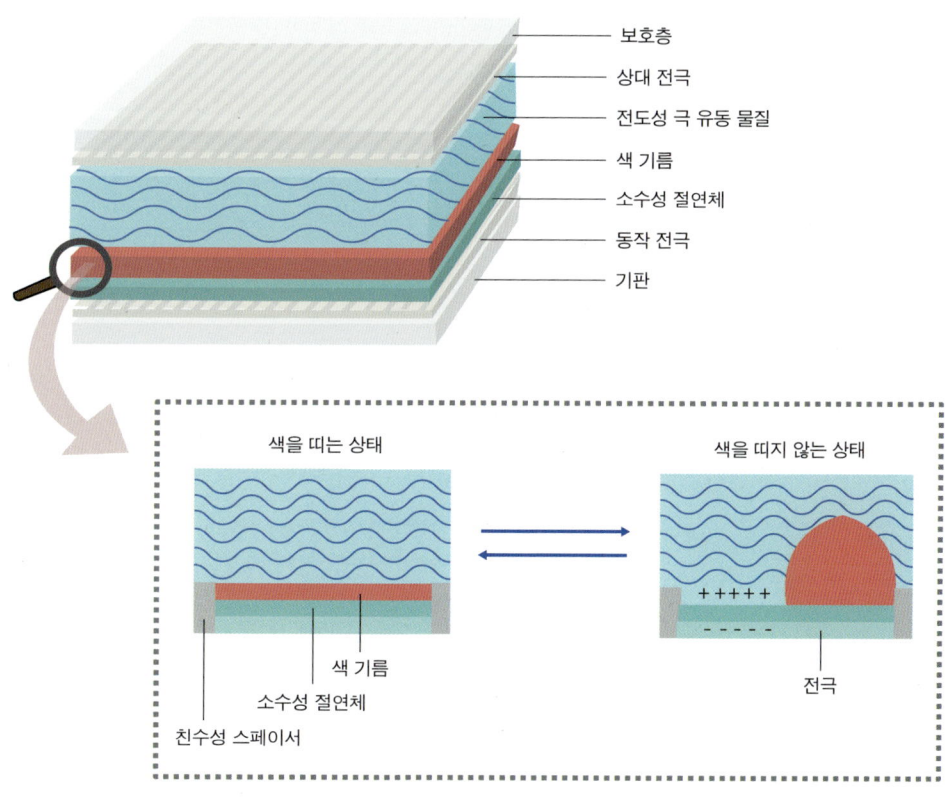

전기 습윤 디스플레이(EWD)의 동작 방식

표면 아래쪽에 컬러 필터를 두고, 검은색 기름의 면적을 조절하여 개구율을 변화시키기도 합니다. 이 기술은 유럽의 리쿼비스타^{Liquavista}에서 전자 종이용 디스플레이로서 개발하였고, 나중에 삼성으로 기술 이전이 되었습니다.

지금까지 전자 종이를 대상으로 개발이나 시제품화된 비자발광, 직시형 디스플레이 중 ECD와 EWD를 설명하였습니다. 기술도 트랜드도 변해 갑니다. 특히 전자 종이는 복고풍에서 현대 감각에 이르기까지 시대를 넘나들고, 유행과 응용 분야가 또 다른 부활을 일으킬 수 있는 기술, 즉 디스플레이일 수 있습니다. 물론 전자 종이 이외에도 스마트 사이니지나 스마트 윈도우 등이 또 다른 성능과 특징을 가지는 디스플레이로서 발전할 가능성도 큽니다. 우리 모두 그렇게 되기를 기대해 보고, 이러한 경향들에 대해서는 기술이 출현하는 대로 이야기를 더 풀어 보겠습니다.

더 생각해보기

- 스스로 빛을 만들지 못하기 때문에 외려 강점이 될 수 있는 디스플레이 응용 분야는 없을까?
- 비발광형 디스플레이에 적용할 수 있는 원리나 자연현상들을 보고 무엇을 더 생각해 볼 수 있을까?

수식으로 원리를 잡다!

전기 습윤에 대하여...

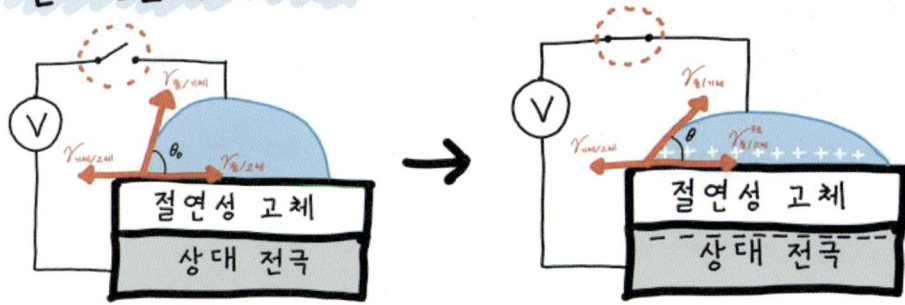

절연층 위 물의 접촉각 감소

Lippmann 방정식

$$\gamma^{유효}_{물/고체} = \gamma_{물/고체} - \frac{1}{2}CV^2$$

γ : 계면장력 [mJ/m^2]
⇒ 전기 습윤 디스플레이에서 물과 생겨울이 각 하나의 표면에서 발생하는 장력

$\gamma^{유효}$: 유효계면장력
⇒ 전압이 인가되었을 때의 계면장력

$\gamma_{물/고체}$: 물과 고체 사이의 계면장력
⇒ 계면장력은 장력이 작용하는 물질에 따라 물/고체, 물/기체, 기체/고체 3개로 나뉨

C : 단위면적당 커패시턴스 [F/m^2]
⇒ 물과 상대전극 사이에 절연성 고체가 있으면서 발생하며, 극성(+, -)을 지닌 분자의 정렬에 의해 물 접촉성이 변함

V : 전압 [V]
⇒ 물과 상대 전극 사이로 인가되어 전기 습윤을 유도

θ_0 : 전압이 인가되지 않았을 때의 절연층 위 물의 접촉각

θ : 전압이 인가되었을 때의 절연층 위 물의 접촉각

- 전압이 인가되고 커패시턴스가 클수록, 물과 고체 사이의 유효 계면장력이 감소한다.

- θ_0 는(은) 아래의 관계식을 가진다.

Young 방정식

$$\cos\theta_0 = \frac{\gamma_{기체/고체} - \gamma_{물/고체}}{\gamma_{물/기체}}$$

$$\theta_0 = \cos^{-1}\left(\frac{\gamma_{기체/고체} - \gamma_{물/고체}}{\gamma_{물/기체}}\right)$$

전기 습윤 방정식

Lippmann - Young 방정식

$$\cos\theta = \frac{\gamma_{기체/고체} - \gamma^{유효}_{물/고체}}{\gamma_{물/기체}}$$

$$= \cos\theta_0 + \frac{1}{2}\frac{CV^2}{\gamma_{물/기체}}$$

$\cos\theta$: 전압이 인가되었을 때의 절연층 위 물의 접촉각의 코사인

$\cos\theta_0$: 전압이 인가되지 않았을 때의 절연층 위 물의 접촉각의 코사인

- 전압이 인가되고 커패시턴스가 크고 $\cos\theta_0$ 의 값이 클수록, $\cos\theta$ 이(가) 증가한다.

- $\cos\theta$ 의 증가는 접촉각(θ)의 감소와 동일하다.

☆

$$\theta = \cos^{-1}\left(\frac{\gamma_{기체/고체} - \gamma^{유효}_{물/고체}}{\gamma_{물/기체}}\right)$$

$$= \cos^{-1}\left(\cos\theta_0 + \frac{1}{2}\frac{CV^2}{\gamma_{물/기체}}\right)$$

- 즉, $\gamma^{유효}_{물/고체}$ 이(가) 감소할수록 절연층 위 물의 접촉각(θ)은 감소한다.

edited by Yunny

커패시턴스

넓은 마음으로
가까이 다가가야
더 많은 행복을 담을 수 있다

이슈가 되는 사태들
왜 마음을 더 넓히지 못할까
왜 더 가까이 다가서지 못할까

행복은
혼자만 누리는 것이 아니라
서로가 마주보며 나누는 것인데

우리는 왜
좁은 시야로
멀리 떨어져서 외치기만 할까

타고난 심성의 차이로
마음을 넓히기가 어렵다면
먼저 가까이라도 다가설 일이다

행복한 세상
어차피 모두의 일이 아닌가
모두가 함께 가야 할 길이 아닌가

Capacitance

is proportional to the area of overlap and
inversely proportional to the separation between conducting sheets.
The closer the sheets are to each other, the greater the capacitance.

마이크로 디스플레이 이야기

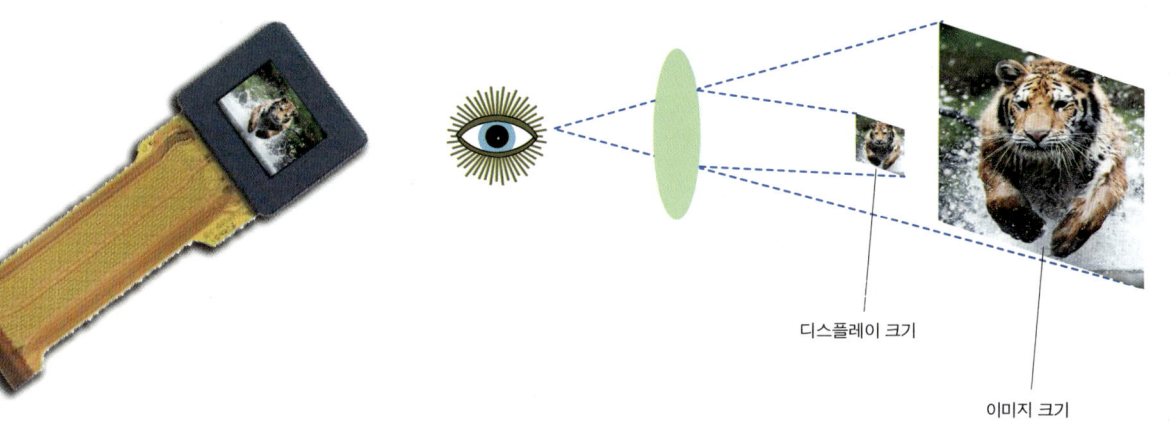

작은 디스플레이에서 큰 가상 이미지를 구현하는 마이크로 디스플레이

마이크로 디스플레이는 투사형이나 가상형으로 이용하기 위한 디스플레이입니다. 그래서 화면의 크기가 1인치 이하이고 고성능이며 고해상도여야 하죠. 마이크로 디스플레이는 수십에서 수백 배에 이르기까지 확대된 영상을 표시해야 하므로 화소의 크기가 매우 작아야 하고 화소 내에서 빛이 나오는 부분의 비, 즉 개구율$^{aperture\ ratio}$이 커야 합니다. 따라서 미세한 피치와 고성능 스위칭 소자를 필요로 합니다. 지금까지 마이크로 디스플레이로서 다양한 기술들이 등장하였지만, 앞으로도 활용될 디스플레이로는 MEMS 디스플레이 계열인 디지털 광원 처리기$^{Digital\ Light\ Processor,\ DLP}$, LCD 계열인 고온 다결정 실리콘 TFT LCD$^{High\text{-}Temperature\ Poly\text{-}Silicon\ TFT\ LCD,\ HTPS\ TFT\ LCD}$와 LCoS$^{Liquid\ Crystal\ on\ Silicon}$, OLED 계열인 OLEDoS$^{OLED\ on\ Silicon}$ 등을 꼽을 수 있습니다.

마이크로 디스플레이의 적용(위)과 응용(아래)

    DLP는 미국의 TI$^{Texas\ Instrument}$에서 개발하였습니다. 20세기 후반부터 디지털 시네마용으로 극장에서 사용되었고, 최근에 이르기까지 다양한 목적의 프로젝션 시스템에 적용되고 있죠. 이는 TI가 자체적으로 개발한 디지털 미소 거울 소자$^{Digital\ Micro-mirror\ Device,\ DMD}$를 광원, 광학계와 함께 모듈화한 디스플레이 엔진입니다. 즉, 레이저 다이오드나 LED 광원에서 발생된 빛이 DMD에 도달하고, 각각의 미

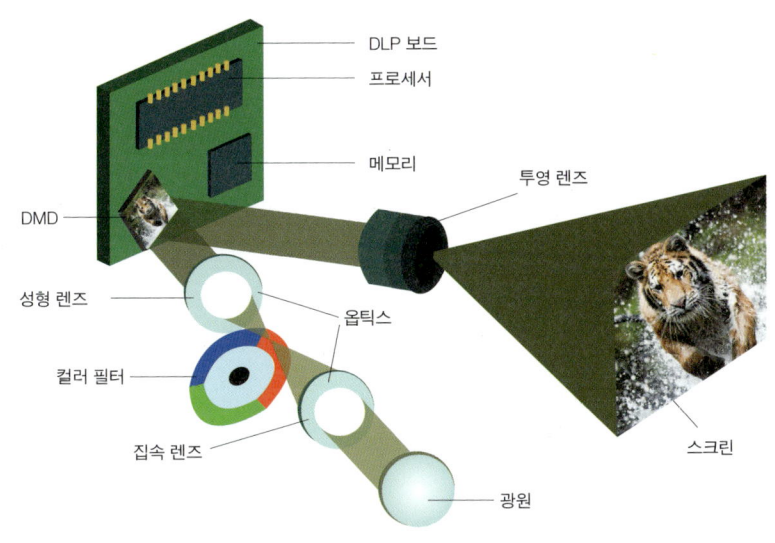

하나의 광원을 사용하여 영상을 투사하는 DLP 방식

러들이 디지털 방식으로 구동되면서 빛을 선택적으로 스크린으로 보내어 영상을 띄우게 됩니다. DLP는 하나의 광원을 사용하고 RGB 3원색 컬러 필터가 있는 원반을 회전하여 컬러 영상을 투사하는 방식과 3개의 DMD와 3개의 컬러 필터들을 이용하여 RGB 각각의 영상들을 만들어 함께 투사하는 방식이 있습니다.

HTPS TFT LCD는 스위칭 소자인 TFT를 만드는 과정 중에 섭씨 1000도 이상의 높은 온도에서 비정질 amorphous 실리콘을 재결정화 recrystallization하여 큰 결정립 crystal grain들을 가지는 다결정 실리콘을 형성하여 전자 이동도를 증가시킨 소자입니다. 따라서 TFT의 크기는 작으면서도 빠른 스위칭 속도

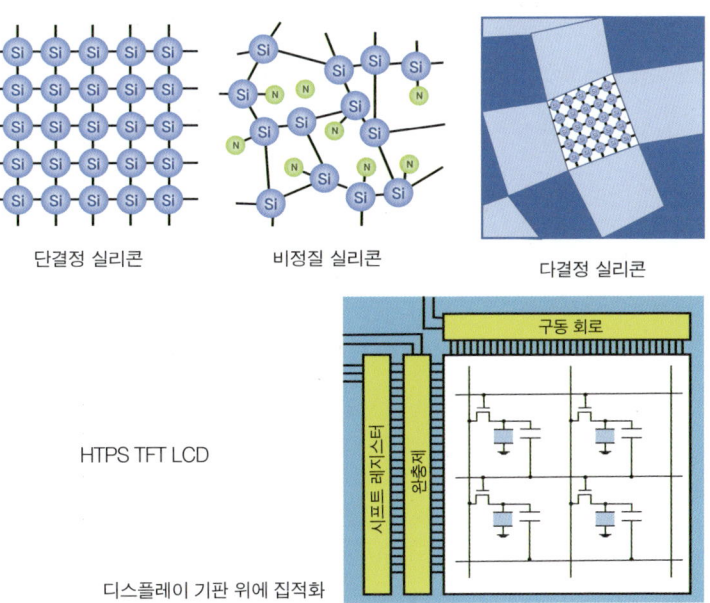

단결정 실리콘   비정질 실리콘   다결정 실리콘

HTPS TFT LCD

디스플레이 기판 위에 집적화

디스플레이 알아가기

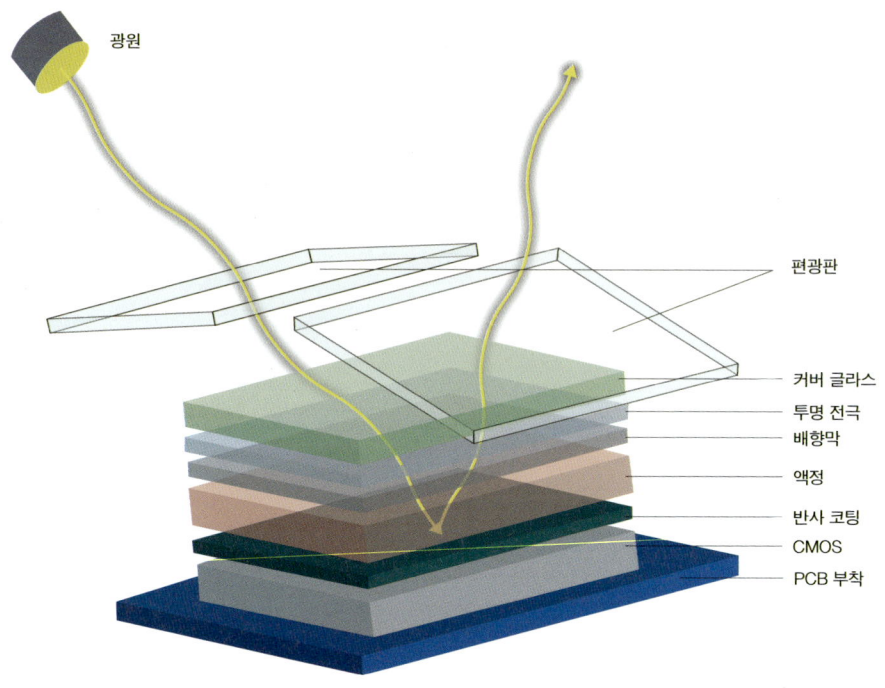

LCoS의 구성과 원리

를 얻을 수 있어 마이크로 디스플레이의 구현에 유리하죠. 또한 구동 회로 등 별도의 칩에 만들어지는 주변 회로들까지 디스플레이 기판 위에 집적화할 수가 있어, 소위 SoD^{System on Display}를 실현할 수 있습니다. HTPS TFT LCD는 공정 온도가 기존 디스플레이 유리의 용융점보다 높아서 유리가 아닌 석영을 이용해야만 하므로 크기에 제한이 있으며, 그에 따라 가격이 올라갑니다.

LCoS는 '실리콘 위의 액정'이라는 말대로 실리콘 웨이퍼에 백플레인^{backplane}을 만들고, 이 위에 LCD를 구성한 디스플레이입니다. HTPS보다 성능이 더 좋은 높은 이동도의 단결정 실리콘 트랜지스터를 사용할 수가 있고, SoD의 구현에도 더 유리합니다. 더 작은 화소, 더 높은 이동도, 더 빠른 응답 속도를 얻을 수가 있죠. 다만 실리콘 웨이퍼가 불투명하므로 광원으로부터의 빛이 후면 기판(TFT 기판) 쪽에서 들어와서 전면 기판(컬러 필터 기판) 쪽으로 나오는, 즉 LCD를 통과하는 투과형 방식은 불가능하고, 빛이 전면 기판으로 들어와서 후면 기판 쪽에서 반사되어 다시 전면 기판 쪽으로 나오는 반사형 방식으로만 구성할 수가 있습니다. 물론 실리콘 반도체 공정이 수반되어야 한다는 부담도 있지만, 실리콘 백플레인을 파운드리 업체에서 만들고 이를 가져다가 LCoS를 완성하는 제작 과정은 대규모 투자의 여력이 없는 디스플레이 회사들에게 기회를 주기도 합니다.

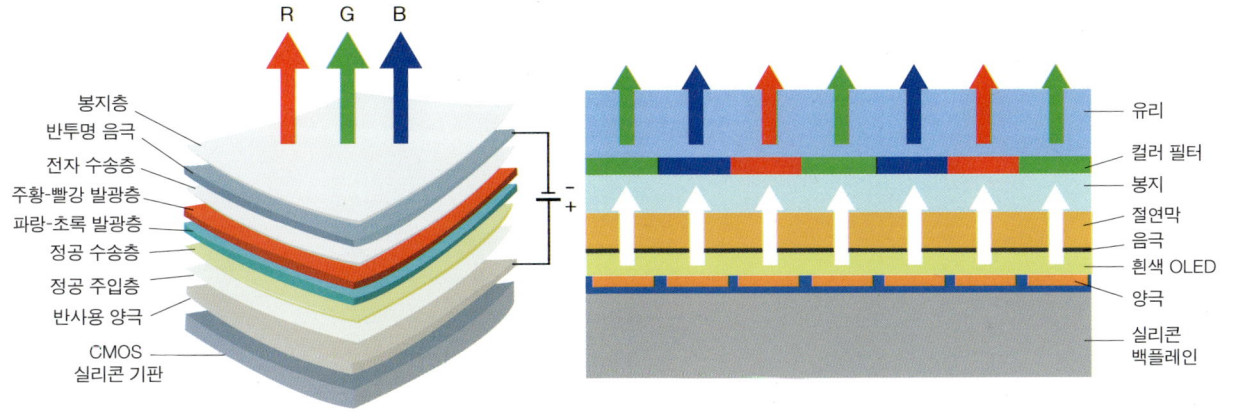

OLEDoS의 구성과 원리

OLEDoS는 말 그대로 '실리콘 위의 OLED'입니다. 단결정 실리콘 백플레인으로 큰 개구율과 높은 해상도, 빠른 동작 속도 그리고 SoD의 구현이 가능합니다. 지금 OLED 회사들은 모바일 기기와 TV 등 대규모 시장 확보가 가능한 제품들의 디스플레이를 대량생산하는 중이라 아직은 소량 다품종에 해당하는 OLEDoS에 전력을 쏟을 겨를이 없습니다. 그러나 OLED 고유의 자발광 특성, 높은 화질과 밝기를 감안하면 후일 마이크로 디스플레이 분야에서의 다크호스가 될 것임은 자명합니다. 또한 마이크로 LED 역시 마이크로 디스플레이의 유력한 후보임을 언급하며 추후 보다 상세히 살펴보기로 하겠습니다. 이러한 마이크로 디스플레이들은 투사형 디스플레이는 물론이고 가상형 디스플레이로서 가상현실과 증강현실 등에 이용될 수 있어 관련 응용도와 시장이 급격히 확장되고 있습니다.

더 생각해보기

- 화소의 크기가 점점 더 작아질수록 성능에서 더 큰 문제가 되는 파라미터는 무엇일까? 어떻게 해결할 수 있을까?
- 마이크로 디스플레이의 응용 분야는 어떻게 확장될까?

MEMS 디스플레이 이야기

반사 빛이 매질의 경계면을 만나 입사하는 매질 방향으로 되돌아감

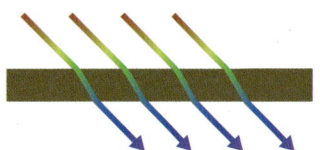

굴절 광학 소자를 통과해서 지나가는 빛의 진행 방향이 바뀜
(서로 다른 두 매질의 경계면)

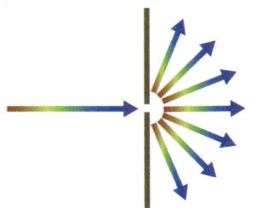

회절 보강 간섭과 상쇄 간섭에 의해 입사하는 빛이 다수의 파면을 형성함

광학 현상

MEMS 기술은 전자(반도체) 기술, 기계 기술, 광 기술 등을 융합하여 수~수백 마이크론 크기의 작은 부품 및 시스템을 설계, 제작하고 응용하는 기술을 말합니다. 이 기술의 장점으로는 소형화, 집적화, 저전력화, 고신뢰화, 저가격화를 이룰 수 있다는 데에 있죠. 즉, 반도체 공정을 이용하므로 웨이퍼상에서 일괄 제조할 수 있어 소형화가 가능하고, 한 개의 칩에 복수 개의 기능 소자 및 신호 처리부 등을 집적화할 수 있어 고성능·고신뢰성을 얻을 수 있으며, 동시·다량 제조로 가격을 낮출 수 있습니다. 소형화, 고성능화, 저가격화는 대부분의 전자, 기계, 광 부품이나 시스템들이 추구하는 목표인 만큼 MEMS 기술의 응용도는 실로 다양합니다. 바이오, 정보통신, 운송 및 항공, 로봇, 광학 및 디스플레이 등에 있어서 구조, 부품, 시스템을 제조하기 위한 핵심 기술로서 적용되고 있습니다.

MEMS 디스플레이는 MEMS 기술을 적용한 디스플레이로, 주로 별도의 광원에서 생성되는 빛을 다양한 물리 광학적 효과, 즉 간섭interference, 굴절refraction, 반사reflection, 회절diffraction, 나아가서는 광 결정 photonic crystal 효과까지 적용하여 특정 파장의 빛을 선택한 후 원하는 밝기로 조절하여 적절한 곳으로 보내는 시퀀스로 작동합니다. 1980년대부터 현재에 이르기까지 다양한 디스플레이 소자들이 개발되었거나 출시되어 왔는데, 여기에서는 특히 기업의 시장 출시 시도에

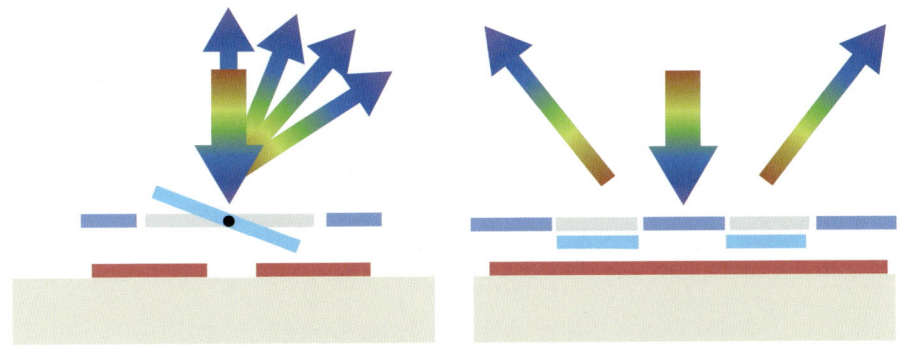

기울어진 거울 MEMS　　　　　**회절 격자 MEMS**

두 가지 기술이 레이저 빛의 경로를 변화시키는 데에 사용되고 있다.

반사와 회절을 이용한 MEMS

까지 이른 (시)제품이나 기술들을 소개합니다. 일단 작동 원리로 구분해 볼 수 있는데, 빛의 간섭을 이용한 IMoD 소자, 반사를 이용한 DMD와 DLP 소자, 회절을 이용한 GLV^{Grating Light Valve}가 대표적입니다. 이에 더해 MEMS 광 셔터 방식을 적용한 DMS^{Digital Micro Shutter}, 광 결정을 이용한 디스플레이 등도 발표된 바가 있습니다.

먼저, IMoD는 초소형 전자 기계 장치^{MEMS} 기술에 의한 전자 종이용 디스플레이로서 움직일 수 있는 마이크로 구조물 어레이, 즉 멤브레인 미러와 기판에서 반사되는 빛의 간섭 효과를 이용합니다. 두 개의 반사면 간의 거리에서 파장, 즉 색상이 결정되며, 반사된 두 빛들 간의 보강 간섭과 상쇄(소멸) 간

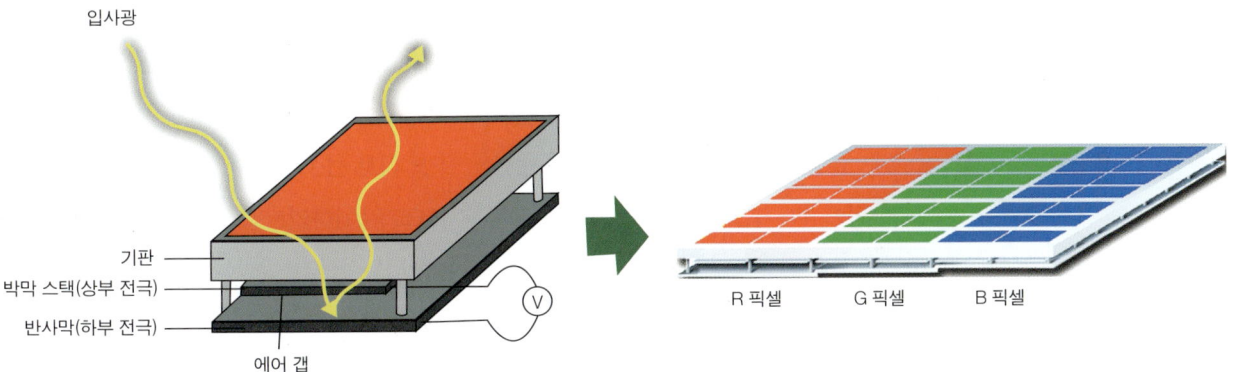

IMoD의 기본 구조

디스플레이 알아가기

섭의 정도에 따라 밝기가 결정됩니다. IMoD는 정지 영상을 표현할 경우에 소비 전력이 거의 무시할 정도로 작은 쌍안정성을 가지고 있고, 전기-광학 특성 곡선이 히스테리시스 현상을 보여 기억 효과의 덕을 볼 수 있다는 장점이 있습니다. 또한 미러의 움직임 폭이 수백 나노미터 정도로 작아 스위칭이 짧은 시간에 이루어지는 장점도 있죠. 나중에 퀄컴으로 기술이 이전되어 '미라솔Mirasol'이라는 브랜드로 전자 종이가 출시된 바 있습니다.

빛의 반사를 이용하는 DMD, DLP 기술은 프로젝터에 사용되는 미세 거울 기반의 디스플레이 엔진(장치) 기술입니다. 즉, DMD라는 초소형 미세 거울들의 2차원 배열 어레이를 사용하여 광원으로부터 입사되는 빛의 경로를 변환시키는데, 거울들의 수는 영상의 화소 수와 같고, 정전력을 이용하여 두 방향 중의 한쪽 방향을 택해 움직이므로 디지털 구동이라 합니다. 밝기의 정도, 즉 계조 변화는 펄스 폭 디밍과 드라이브 칩 셋에서의 보정을 통해 이루어지죠.

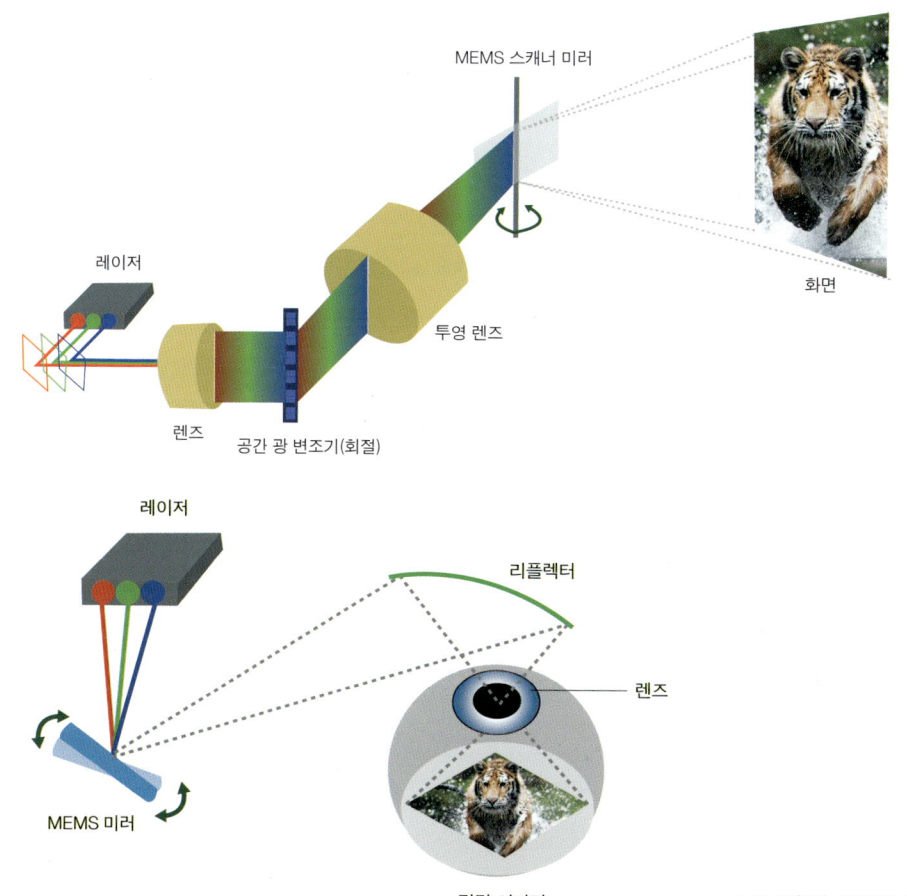

LSD(위)와 RSD(아래)

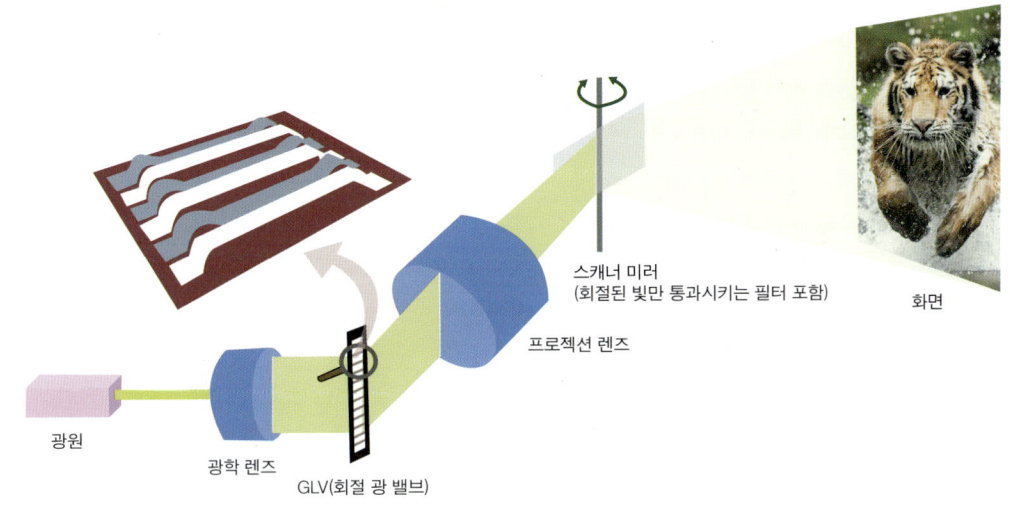

GLV

특히, 빛의 반사를 이용하는 경우에는 DLP와 같이 2차원 미러 어레이인 DMD를 사용하여 스캐닝이 불필요한 방식도 있지만, 낮은 소비 전력과 소형 경량화를 위해 단일 미러로 2차원 스캐닝을 하는 방식도 있습니다. 일례로 LSD^{Laser Scanning Display} 또는 RSD^{Raster/Retinal Scanning Display} 방식과 라인으로 배열된 미러들로 1차원 스캐닝을 하는 방식들이 있어요. RSD는 망막에 직접 영상을 투사하기도 하죠.

빛의 회절을 이용한 GLV는 1994년 미국의 스탠포드 대학교에서 고안된 기술로, 광원으로부터 입사된 빛을 물리적으로 구동이 가능한 회절 격자를 통해 선택적으로 스크린으로 보내는 원리로 작동합니다. 광원으로는 레이저 다이오드를 사용하였고, 회절 격자로는 미세하게 아래 위로 움직일 수 있는 실리콘 리본 구조를 실리콘 MEMS 기술로 웨이퍼 위에 제작하였습니다. 이 기술을 기반으로 스타트업 벤처인 SLM^{Silight Light Machine}이 설립되어 개발을 이어갔으며, 2000년 일본의 소니가 초대형 레이저 프로젝터에 이 기술의 적용을 시도하였으나 4년쯤 후에 LCoS 적용으로 방향을 틀었습니다. 이후 SLM은 E&S^{Evans & Sutherland}와 제휴하는 등 행보를 이어갔으나 현재는 일본 스크린^{Dainippon Screen Manufacturing Co.}에 귀속된 것으로 알려져 있습니다.

광 셔터 방식인 DMS는 2000년대 초반 미국의 픽스트로닉스^{Pixtronics}에서 개발된 MEMS 기반의 디스플레이 기술로, 후면 광원에서 나오는 빛을 기계적으로 구동되는 초소형 셔터로 조절하여 색과 밝기를 표시하였습니다. 이는 LCD와 유사한 방식으로 액정 셔터 대신에 MEMS 셔터를 이용하였는데, 특히 빛을 재활용함으로써 효율을 60% 이상으로 끌어올린 점, 비교적 고속의 스위칭 속도인 0.1msec

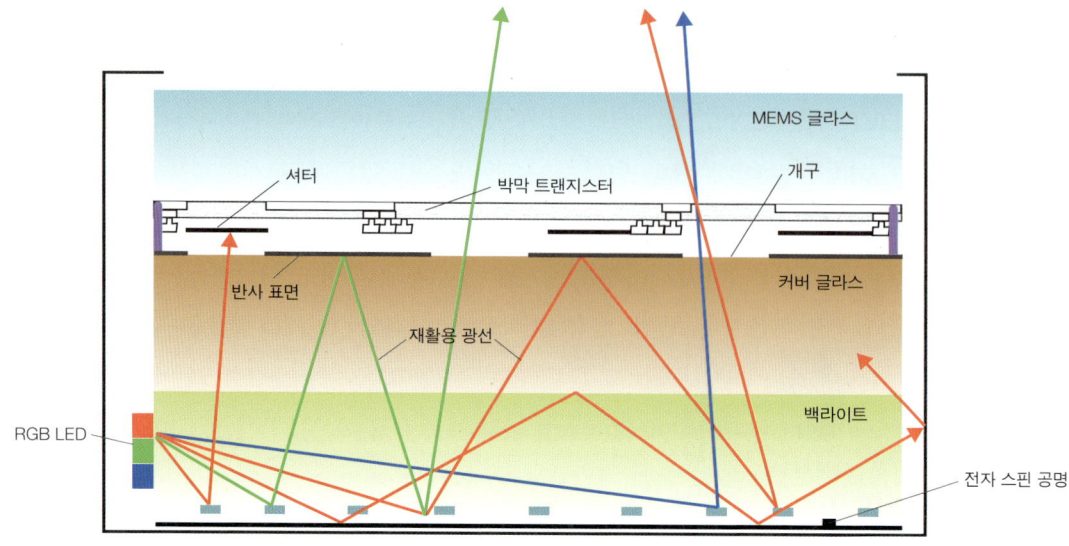

DMS

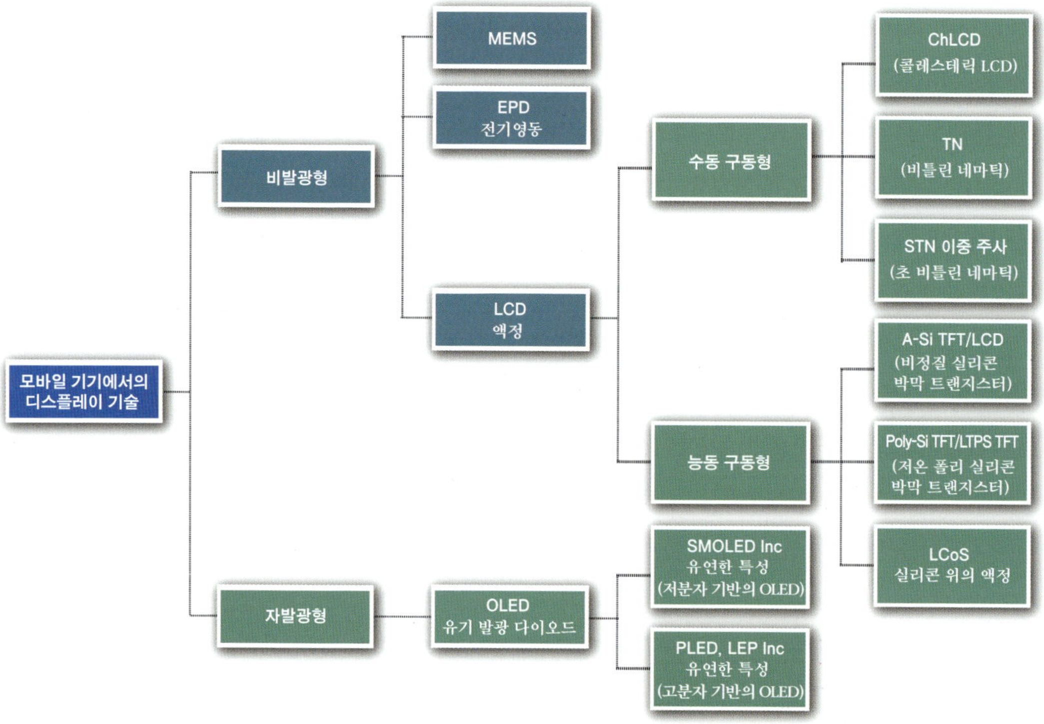

MEMS, 모바일 기기의 디스플레이 기술 분류

디스플레이 이야기

를 구현하였다는 점이 특징입니다. 이 기술은 2011년에 퀄컴으로 이전되었으나, 이후로는 추가 정보가 발표되지 않고 있습니다.

    그 밖에 3차원 스펙트로스코피, 광 결정 디스플레이, 홀로그램 등에서도 MEMS 광 소자나 디스플레이 기술이 적용되고 있습니다. 이는 기회가 닿는 대로 더 세밀하게 다룰 예정입니다. 일단 여기까지 살펴보면, MEMS 광 소자와 디스플레이는 비자발광형 디스플레이로 구분될 수 있으며, 전자 종이와 같은 직시형 디스플레이, 밝고 해상도가 좋은 투사형 디스플레이, 가상현실과 증강현실로 대표되는 가상형 디스플레이, 그리고 빛을 필터링하거나 처리하는 다양한 목적들로 큰 잠재력이 있음을 알 수 있습니다.

더 생각해보기

- MEMS란 무엇일까? 그리고 어떤 특징이 있을까?
- MEMS 디스플레이에 적용될 수 있는 광학적 효과에는 어떤 것들이 있을까? 그것들은 어떤 내용일까?
- 자연에서 볼 수 있는 빛의 행동과 풍경들을 어떻게 디스플레이에 적용할 수 있을까?

디지털 광원 처리(DLP)

　DLP 기술은 프로젝터에 사용되는 디스플레이 엔진(장치) 기술입니다. 여기에서는 DMD라는 초소형 미세 거울들의 2차원 배열 어레이를 사용하는데, 이에 관해서는 앞서 설명한 바 있습니다. DMD의 거울 이동 속도가 충분히 빠르므로, 1개의 DMD로도 컬러 영상을 구현할 수가 있는데, 이때는 원반 모양의 컬러 필터를 사용하여 시간적으로 RGB를 분할합니다. 다만 이 경우에는 밝기가 1/3로 떨어짐을 감수해야 하죠. 만일 3개의 DMD와 RGB 컬러 필터를 쓰는 경우에는 각각 독립된 RGB 영상을 만들고, 이를 합쳐서 컬러 영상을 구현하게 됩니다. 밝기의 손실이 없는 반면에 크기와 가격에서의 부담을 감안해야 하죠. 그 밖에도 DMD 1개와 광원 RGB 3개를 사용하는 방법, 반대로 DMD 3개에 백색 광원 1개, RGB 컬러 필터 3개를 사용하는 방법 등 나름 장단점을 지닌 여러 방법과 엔진들이 있습니다. (☞93쪽 하나의 광원을 사용하여 영상을 투사하는 DLP 방식 그림 참조)

　DMD는 실리콘 MEMS 기술을 이용하여 만들어지며, 구동 회로부 위에 기계 장치와 거울들이 제작됩니다. 거울은 +/- 10~12도의 범위에서 고정 각도를 가지고 한쪽을 택해 기울어지는데, 빛이 외부로 나와서 스크린을 향하거나 내부에서 흡수되는 방향이 됩니다. 거울은 15마이크론 정도의 정사각형 모양으로 알루미늄 재질이며, 1조 회 정도 반복 동작에도 견딜 수 있는 내구성이 있습니다. 거울의 아래쪽에는 기계적인 지지와 구동부가 있고, 그 아래에는 메모리와 회로 등으로 구성되는 구동 회로부가 있습니다.

　DLP는 1987년 미국 TI에서 개발하였고, 이후 TI에서 보급되는 DMD와 DLP를 받아서 여러 회사가 다양한 응용 제품을 시도하고 출시하였습니다. 대표적인 응용 분야로는 디지털 시네마, 레이저 프로젝터, 반도체나 디스플레이 제조용 리소그래피 툴, 투사형 TV, 홀로그래픽용 부품, HMD^{Head Mounted Display}나 HUD^{Head Up Display} 등이 있으며, 특히 빠른 응답 속도로 인해 3차원 디스플레이에도 적용할 수 있습니다. MEMS 기술의 결정판으로, 대표적인 사업화 아이템으로 고유의 영역을 확보하였고, 광 부품과 디스플레이 분야에서 새로운 응용 전략들이 만들어질 것으로 기대됩니다.

더 생각해보기

- DMD의 거울들을 만드는 공정은 어떻게 진행될까?
- DMD에서 컬러 영상을 표현하기 위해 DMD 칩은 꼭 세 개가 있어야 할까? 한 개로도 가능하다면 방법은 무엇일까?
- 투사형 기기에서 DMD를 채택한 DLP는 LCD와 비교할 때 어떤 강점이 있을까?

고온 다결정 실리콘 TFT LCD
(HTPS TFT LCD)

능동 구동형 디스플레이에서는 각각의 부화소에 트랜지스터와 커패시터가 들어갑니다. 트랜지스터는 특정 화소를 지정하고, 그 화소에만 전기적 신호가 들어갈 수 있도록 on/off를 선택하고, on 상태에서는 신호를 전달해 주는 역할을 하죠. 따라서 누설 전류가 작아서 신호의 손실이 없어야 하고, 캐리어 이동도가 커서 신호의 전달 속도가 빨라야 합니다. 그런데 디스플레이의 기판인 유리 위에 만들어지는 실리콘은 비정질층 amorphous layer이어서 특히 이동도가 매우 작은데, 이 값을 증가시키기 위해 레이저 열처리 등으로 실리콘층의 결정성을 향상시킵니다. 이러한 과정을 결정화 crystallization라고 합니다. 결정화 공정을 거친 실리콘층은 단결정 실리콘 결정립 crystal grain들이 모여서 이루어진 다결정층 poly-crystal layer이 되어 이동도가 향상되는데, 그 정도는 결정립의 크기에 의존합니다. 결정립의 크기는 당연히 레이저 열처리 온도가 높고 시간이 길수록 증가하겠죠. (☞93쪽 HTPS TFT LCD 그림 참조)

이때 결정화 온도는 유리 기판이 손상을 입지 않는 한도 내에서 정해지며, 만일 이동도를 더 높이기 위해 섭씨 1,000도 이상의 결정화 온도가 요구된다면 열 내구성이 강한 석영 기판을 사용해야 합니다. 이와 같이 이동도를 증가시키기 위해 높은 온도에서 결정화 공정을 수행하여 결정립이 큰 다결정 실리콘층을 형성하여 만들어진 트랜지스터를 고온 다결정 실리콘 박막 트랜지스터 High-Temperature Poly-Silicon Thin Film Transistor, HTPS TFT라 하며, 이를 스위칭 소자로 내장한 LCD를 HTPS TFT LCD 또는 HTPS LCD라고 합니다.

석영 기판은 크기를 증가시키는 데에 한계가 있고, 가격 또한 높아서 HTPS TFT LCD는 대면적 디스플레이보다는 주로 화면 크기가 작고 해상도가 높은 마이크로 디스플레이용으로 만들어집니다. 그래서 투사형이나 가상형 디스플레이 기기 또는 2~3인치급 이하의 뷰 파인더와 같은 특정 용도의 직시형 디스플레이로 사용됩니다. LCD 계열 내에서의 경쟁 기술로 '실리콘 위의 액정', 즉 LCoS가 있는데, 이는 이동도가 다결정 실리콘보다도 큰 단결정 실리콘 웨이퍼 자체를 스위칭 소자로 사용하는 것입니다. HTPS TFT LCD와 LCoS 모두 높은 이동도를 가지는 트랜지스터의 제작을 이용한다는 점과 드라이브 회로와 같은 주변 회로들을 디스플레이 기판 위에 함께 집적화할 수 있어서 SoD^{System on Display}가 가능하다는 장점이 있습니다.

더 생각해보기

- 고온 다결정 실리콘 TFT LCD에서 고온, 즉 높은 온도의 범위는 어디까지일까?
- 실리콘층, 채널층의 전자 이동도가 증가한다면 어떤 점들이 좋아질까?

실리콘 위의 액정(LCoS)

LCoS는 '실리콘 위의 액정'이라는 말 그대로 실리콘 웨이퍼에 만들어진 백플레인 위에 액정을 설치하여 LCD를 구성한 것입니다. 실리콘 웨이퍼에 만들어진 트랜지스터는 스위칭 소자로서 최고의 성능을 가지며, 이와 함께 상보 금속 산화막 반도체Complementary Metal Oxide Semiconductor, CMOS 집적회로Integrated Circuit, IC를 구성하여 디스플레이 구동 회로까지 함께 집적화할 수 있어서 초소형, 고성능 LCD의 구현이 가능합니다. 디스플레이 패널의 크기는 1인치 이하, 두께는 1~2mm이고 해상도를 결정하는 피치는 2마이크론 이하까지도 가능하죠. 패널 크기로 미루어 짐작할 수 있지만, 마이크로 디스플레이로서 투사형이나 가상형 디스플레이로 사용합니다. 물론 패널 자체는 실리콘의 불투명 요인으로 인해 반사형으로 동작합니다. (☞94쪽 LCoS의 구성과 원리 그림 참조)

LCoS는 1970년대 말 미국의 GE General Electric가 최초로 시연하였습니다. 정체기를 거쳐 1990년대에 이르러서야 비로소 투사형 및 가상형 디스플레이의 필요성이 커지면서 여러 회사가 개발하고 생산에 참여하였죠. 2005년 겨울, 일본의 소니가 높은 해상도와 대조비contrast ratio를 가지는 LCoS로 프로젝터 시장에 불꽃을 당겼습니다. 일본의 JVCJapan Victor Co., 캐논 등이 프로젝션 TV 등으로 응용 분야를 확장하였고, 뒤를 이어 미국의 인텔, 네덜란드의 필립스 등도 합류하였지만 경쟁 기술들과의 가격과 성능 싸움, 응용 분야의 새로운 발굴 과정 등에서 부침을 겪으면서 명맥을 유지하였습니다.

2010년 이후는 LCoS의 재도약 시기로, 소니가 여전히 의지를 보이고 있는 가운데 대만의 하이맥스, 미국의 오로라 시스템즈와 Syndiant, 중국의 Splendid Optronics Technology 등에서 피코 프로젝터, 데이터 보드 그리고 AR과 VR 제품 등을 겨냥하여 제품화 및 시장 개척 속도를 높이고 있습니다. 이에 더해 JVC는 미국 eLCoS의 특허 등을 라이센싱하여 새로운 도약을 시작하였습니다. LCoS의 지속적인 관찰과 분석은 충분한 묘미가 있습니다. HTPS TFT LCD, 그리고 뒤를 이어서 기술할 '실리콘

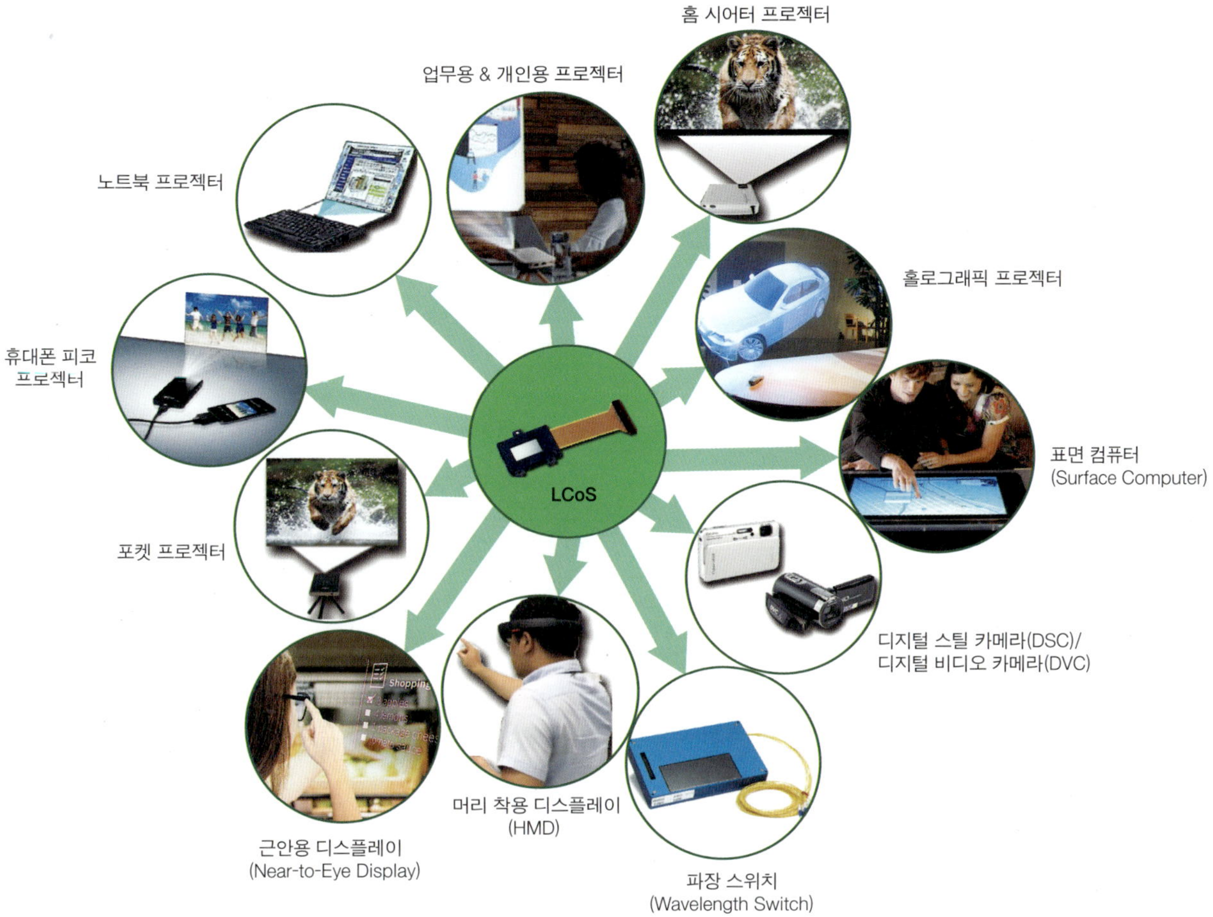

노트북 프로젝터

업무용 & 개인용 프로젝터

홈 시어터 프로젝터

홀로그래픽 프로젝터

휴대폰 피코 프로젝터

LCoS

표면 컴퓨터
(Surface Computer)

포켓 프로젝터

디지털 스틸 카메라(DSC)/
디지털 비디오 카메라(DVC)

근안용 디스플레이
(Near-to-Eye Display)

머리 착용 디스플레이
(HMD)

파장 스위치
(Wavelength Switch)

LCoS 응용 및 전망

위의 OLED,' '마이크로 LED' 등과의 경쟁 구도 또한 기대가 큽니다.

더 생각해보기

- 디스플레이를 왜 유리 기판이 아닌 실리콘 웨이퍼 위에 만들까?
- LCD에서는 SoD(System on Display)를 왜 구현할 수 있으며, 어떻게 구현할까?

실리콘 위의 OLED(OLEDoS)

　　OLED는 직시형 디스플레이로서 모바일 기기, 테블릿, TV 등의 제품에 폭발적으로 적용되고 있으며, 현재 이들의 수요를 감당하기에 여념이 없습니다. 이러한 상황에서도 OLED를 실리콘 웨이퍼 위에 제작하려는 시도가 계속되고 있는데, 그 이유는 가상형으로서 근안용 디스플레이 Near-to-Eye Display, NED로 이용하고자 하기 때문입니다. 실리콘 웨이퍼에 만들어지는 백플레인과 구동 회로부를 사용하고자 하는 의도는 LCoS의 경우와 같은데, 고속의 응답 시간과 높은 개구율에 따른 고해상도 그리고 컴팩트한 마이크로 디스플레이를 구현하기 위해서죠. 회로는 높은 집적도, 낮은 전력 소비의 CMOS를 주로 사용하고, OLED는 투명 전극을 위로 배치한 상부 발광 top emission 구조를 가집니다. (☞95쪽 OLEDoS의 구성과 원리 그림 참조)

　　2011년 일본의 소니는 CMOS 실리콘 백플레인 위에 빛을 위로 반사하는 양극, 투명한 음극을 가지는 백색 OLED 그리고 그 위에 RGB 컬러 필터를 설치한 OLEDoS를 발표하였습니다. 이 OLEDoS는 아래에서 위로 적층하는 순서를 따라 제작하였습니다. 즉, 반도체 파운드리에서 제작한 실리콘 백플레인 위에 웨이퍼 레벨로 OLED 박막들을 증착하였고, 박막 봉지 Thin Film Encapsulation, TFE를 한 후 컬러 필터를 설치하였으며, 커버 글라스를 덮은 뒤 마지막으로 패널들을 하나씩 잘라내는 과정 singulation을 거쳐 완성하였습니다. 물론 백색 OLED 대신에 컬러 화소들이 별도로 형성된 RGB OLED를 넣을 수도 있죠. 2013년 무렵 독일의 프라운 호퍼에서는 FMTL Flash Mask Transfer Lithography이라는 전사 공정을 발표하였고, 2016년 독일의 드레스덴 디스플레이에서는 안경형 QVGA Quarter Video Graphics Array급 마이크로 OLED를 발표하였으며, 2017년 미국의 eMagin은 이를 2K×2K 수준의 해상도를 가지는 헤드셋용으로 끌어올렸습니다. 비슷한 시기 미국의 코핀은 유사한 수준의 해상도 약 3,000ppi pixels per inch의 OLEDoS와 이를 이용한 스마트 글라스를 시연하였습니다. 또한 소니는 OLEDoS를 적용한 스마트 안경eye glass이 부착된 헤드를 CES 2017에서 발표하였고, eMagin은 VR/AR용으로 화소의 피치가 10마이크론 이하로 내려가는 초고해상도의 마이크로 디스플레이를 제작하였습니다.

OLED가 OLEDoS를 통해 마이크로 디스플레이 시장으로 들어오는 날 응용 분야는 급속히 커질 것이고 시장의 판도는 흔들릴 것입니다. 기술의 완성으로 강력한 힘이 생기기 때문이죠. 이미 화소 크기는 10마이크론 이하로 내려왔으며 3,000ppi를 넘어서 5,000ppi의 해상도를 향하고 있는 수준입니다. 아직은 미래 디스플레이로 구분되는 마이크로 LED와 함께 초고해상도, 기판 자유도를 갖춘 고급형 마이크로 디스플레이로서 무섭게 확장하고 있는 VR/AR용 NED의 현장에서 멋진 경쟁을 펼칠 것입니다.

더 생각해보기

- OLED on Si(OLEDoS)가 LCoS에 비해 가지는 장점들은 무엇일까?
- OLEDoS는 여러 장점들에도 불구하고 LCoS를 제대로 대체하지 못하고 더디게 나아가는 이유는 무엇일까?
- OLED의 화소 크기를 줄여 가기 위한 공정들을 생각해 보자.

기다려지는 디스플레이들

지금까지 소개한 디스플레이들은 시장에 등장하여 한 시기를 풍미하다가 사라진 디스플레이들, 발전과 진화를 거치면서 여전히 존재하는 디스플레이들, 더 나아가 성장하고 있는 디스플레이들입니다. 여기에서는 지금은 개발 단계로 수년 정도의 시간이 흐른 뒤 제품으로서 시장에 진입할 가능성이 높은 디스플레이들, 제품으로서 이미 시장 진입에 성공한 디스플레이들의 발전과 진화 형태를 예측해 보고자 합니다.

먼저, 기술적으로는 가장 앞서고, 시장에서는 LCD와 겨루고 있는 OLED를 살펴보죠. OLED는 2,000년대 초반 모바일 기기로 시장에 본격적으로 등장한 이래로 TV에까지 범위를 넓히며 질풍노도의 속도로 발전해 왔습니다. 색깔과 해상도로 대표되는 성능은 물론이고 소비 전력, 가격과 같은 경

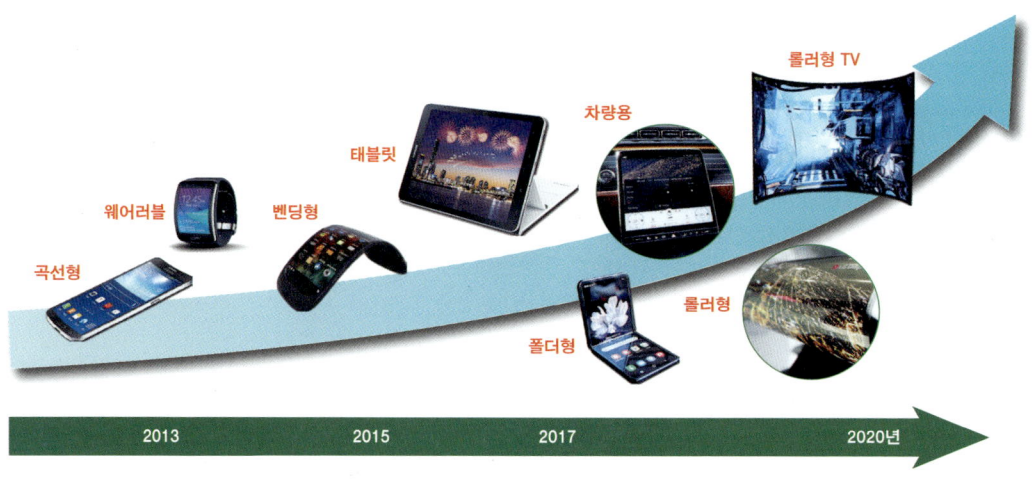

OLED의 진화

110 디스플레이 이야기

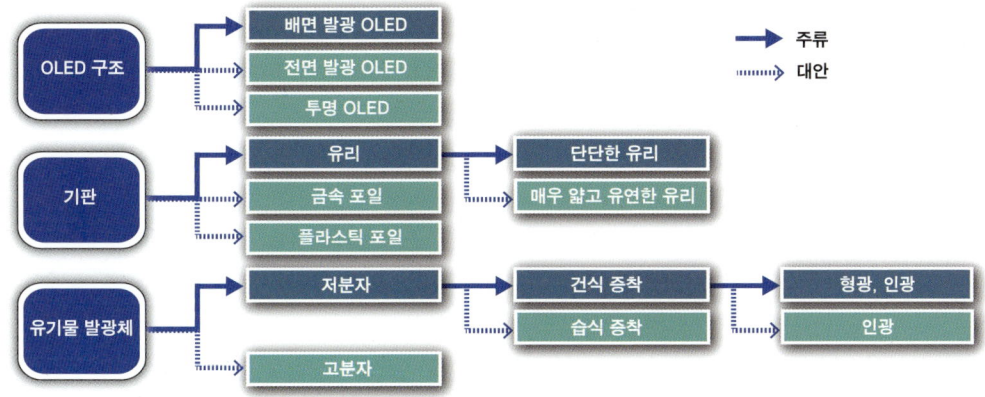

OLED 기술 방향

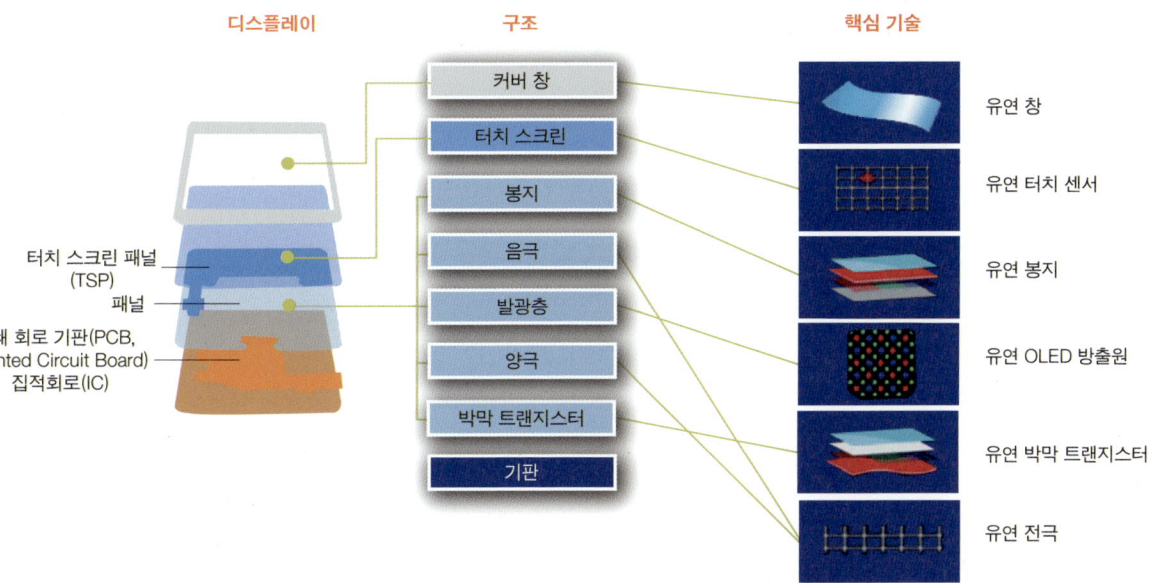

유연 디스플레이를 위한 핵심 기술

제적인 장애도 훌쩍 넘어섰습니다. 조만간 휘고, 접고, 말 수 있는, 즉 생김새 form factor에서 일대 전환을 이루어 접는 폰 foldable phone과 말 수 있는 TV rollable TV까지 시장에서 볼 수 있을 것입니다. 기술적인 면에서 발광 방향은 후면 발광에서 전면 발광 그리고 양 방향 발광이 가능한 투명 디스플레이까지 진화 중이며, 기판은 딱딱한 유리에서 유연한 플라스틱에 이르기까지 선택의 폭이 넓어졌습니다. 소재도 효율 면에서 불리한 형광 fluorescence 소재에서 효율이 높은 인광 phosphorescence 물질로 급격히 전환되고 있으며, 제작 과정은 이미 확보되어 있는 진공 증착 기반의 건식 공정dry process에 더해 프린팅 방식을 중심으로 한 습식 공정과 용액 공정soluble process도 개발 중입니다.

　물론 OLED가 가는 길에 장애물이 없는 것은 아닙니다. 예를 들어, 대면적, 고해상도에서 기존의 백색 OLED에 컬러 필터를 덧댄 방식(White OLED, WOLED)이 아닌 독립적인 RGB 부화소들로 패터닝된 방식(RGB OLED)을 구현하는 FMMFine Metal Mask 공정이 있습니다. 또 상부 발광이나 투명 OLED에 쓰일 수 있는 투명하면서도 전기 전도도가 높고 일함수 매칭이 원활한 음극 구조도 있습니다. 형광 재료들에서 인광 재료로의 완전한 대체도 용액 공정도 미세 패턴을 구현할 수 있는 잉크 소재와 패터닝 방법 등도 생각납니다. 더 나아가 점점 더 응용 영역을 넓혀 가는 휘고 접고 말 수 있는 플라스틱 OLED의 완전한 구현과 관련된 기술적 과제들이 있습니다. 즉, 기존의 폴리이미드 바니쉬 공정보다도 쉽고 경제적인 공정이 가능한 일반 플라스틱 기판의 적용과 숱한 변형에도 특성을 유지하는 유연 그리고

공정 단계	리지드 OLED	플렉시블 OLED	당면 과제
핵심 장비	증착기, 저온 다결정 실리콘 가열 냉각	박막 봉지	독점적이고 제한적인 장비 공급
기판	평판 유리	플라스틱 기판	투명, 박막, 유연성
백플레인	저온 다결정 실리콘 산화물 박막 트랜지스터	저온 다결정 실리콘 산화물 박막 트랜지스터	전자 이동도, 투과도, 유연성
발광층	빨강, 초록 인광	빨강, 초록 인광	발광 효율
색 패터닝	미세 금속 마스크(FMM) 열린 마스크	미세 금속 마스크(FMM)	재료 사용 효율, 고해상도/대면적 디스플레이
봉지	평판 유리, 박막 봉지(TFE)	다층 박막 봉지(TFE)	수분 투과도(WVTR), 열저항, 유연성, 공정 비용
터치 디스플레이	상부 내장형	플라스틱 커버 글라스 일체형(G1F) 막 상부 내장형 박막 봉지 상부 내장형	두께, 투과도, 유연성
커버 창	강화유리	곡선의 강화유리 플라스틱	내구성, 두께, 투과도, 유연성
응용	휴대폰, 태블릿, 웨어러블, TV	휴대폰, 웨어러블	모든 것

리지드 OLED와 플렉시블 OLED의 핵심 공정 단계 과제들

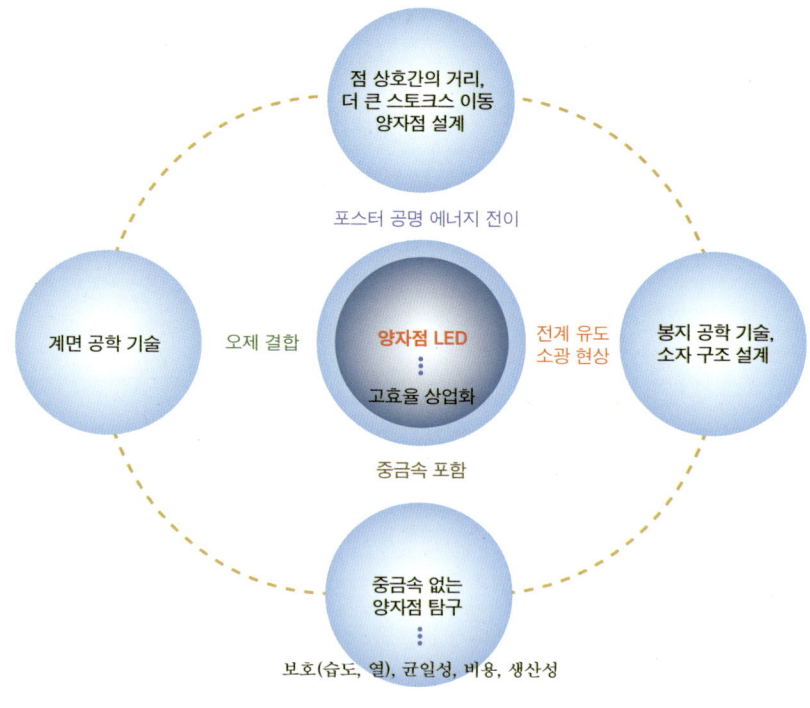

양자점 디스플레이

투명 전극들, OLED의 변형 자유도에 지장을 주지 않은 박막 봉지 기술 등이 있습니다. 이러한 기술들을 통해 OLED를 생산할 수 있는 최적의 솔루션 롤투롤$^{Roll-to-Roll, R2R}$ 제조 방법 등도 넘어야 할 장벽입니다. 그럼에도 불구하고 OLED는 이제 완성형에 가까운 디스플레이인 것은 자명합니다.

다음으로, 당장 OLED TV와 전쟁을 치르고 있는 QLED TV를 만나 보죠. 그런데 QLED란 용어가 적절한지에 대한 논란이 있습니다. 지금의 QLED는 정확히 말하면 기존의 LCD에 양자점^{QD}을 적용한 BLU$^{Back Light Unit}$를 활용하고 있는 기술입니다. 물론 양자점의 적용 방식도 나날이 발전하고 있죠, 예를 들어, QDEF$^{Quantum Dot Enhancement Film}$, QDOG$^{Quantum Dot on Glass}$, QDCC$^{Quantum Dot Color Conversion}$ 등으로 말이죠. 그러나 어디까지나 LCD의 진화형이며, LED 광원으로 작동하는 광 발광^{PL} 현상을 이용한 방식입니다. 진정한 QLED는 후면 광원이 사라지고, 순수한 전계 발광^{EL}으로 동작하는 방식입니다. 이 기술의 완성에는 앞으로도 수년 정도가 더 걸릴 듯합니다. 따라서 지금은 OLED로 성장하는 시기인데, 어른이 되면 불릴 이름을 미리 사용하고 있는 것이죠. 이에 대해서는 독자들의 판단에 맡기겠습니다.

그 다음으로, 마이크로 LED를 들 수 있습니다. 연륜이 오래된 LED 칩, 즉 발광 소자가 디스플레이까지 발전한 경우입니다. 칩의 크기를 100~50마이크론 이하로 줄여서 각각을 별도의 디스플레이 부

양자점 전계 발광(QDEL)
Quantum Dot Electro-Luminescent

자발광 디스플레이를 위한 미래의 발광 재료. 양자점 전계 발광은 저비용의 매우 얇고 휘는 (플렉시블) 디스플레이를 현실로 만들 것이다.

양자점 색 전환(QDCC)
Quantum Dot Color Conversion

인쇄 또는 포토리소그래피로 패터닝하는 것. 양자점 색 전환 기술은 LCD, 마이크로 LED, OLED 디스플레이를 개선한다. 즉, 새로운 수준의 컬러 볼륨 성능과 제조 처리량이 가능하다.

유리 위 양자점(QDOG)
Quantum Dot on Glass

유리 위 양자점은 놀랍도록 얇은 포장으로 양자점 향상 막의 모든 색상 및 밝기의 이점을 제공한다. 더 낮은 비용의 양자점 구현은 장벽 막의 필요성을 없애고 5밀리미터의 얇은 LCD TV를 가능하게 한다.

양자점 향상 막(QDEF)
Quantum Dot Enhancement Film

실물과 같은 색으로 더 밝고 효율적인 차세대 디스플레이를 가능하게 한다. 양자점 향상 막은 백색 OLED와 같은 새로운 진입자와 대응할 때, LCD 기술에서 중요한 우위를 제공한다.

양자점 적용 방식의 발전

화소들로 사용한다는 전략이죠. 가능성은 충분히 입증되었고, 현재 시연은 물론 대형 TV나 사이니지로 소량 생산까지 이루어지고 있습니다. 이미 시장 진입에는 성공한 것이죠. 반도체 웨이퍼에 만들어진 작은 칩들을 디스플레이용 대형 기판으로 어떻게 옮길 것인지가 숙제이지만, 초소형 칩들을 통한 높은 해상도와 화소들이 만들어진 후에 기판을 선택할 수 있는 기판의 자유도 등의 장점들이 남은 문제들을 해결하는 동기가 충분히 되고 있습니다. 마이크로 LED는 QLED와 함께 빠르게 진화하고 있습니다. OLED보다 더 넓은 미개척 영토, 즉 더 많은 장애를 극복하며 빠른 속도로 나아가고 있습니다.

이상은 주로 직시형 디스플레이 패널들에 관한 이야기였습니다. 그런데 더욱 환상적인 디스플레이들이 있습니다. 생김새^{form factor}, 즉 휘고^{flexible}, 말고^{rollable}, 접고^{foldable}, 늘리고 줄일 수 있는^{stretchable} 디스플레이들, 생체 친화적이며^{biocompatible}, 투명하기도^{transparent} 한 디스플레이들입니다. 그리고 이들로 인해 입고^{wearable}, 붙이고^{attachable}, 인체에 삽입하고^{implantable}, 건물이나 자동차 등에 내장할 수 있는 전기 전자 기기들이 가능한 세상도 함께 생각해 볼 수 있습니다. 또한 이러한 디스플레이들을 충분히 활용한다면, 실공간에 띄울 수 있는 3차원 디스플레이도 실생활로 들어옵니다. 일단은 이 정도, 즉 수년 내에 승부가 날 수 있는 디스플레이들의 이야기로 마무리하겠습니다. 더 긴 시간, 오랜 이야기가 필요한 내용들은 뒷부분에서 미래의 디스플레이 주제로 풀어 갈 생각입니다.

더 생각해보기

- 향후 3년 후에 다가올 디스플레이, 그리고 5년 후나 10년 후에 다가올 디스플레이들을 생각해 보자.
- 소비자, 수요자들이 원하는 디스플레이에는 어떤 것들이 있을까? 창의적으로 생각해 보자.

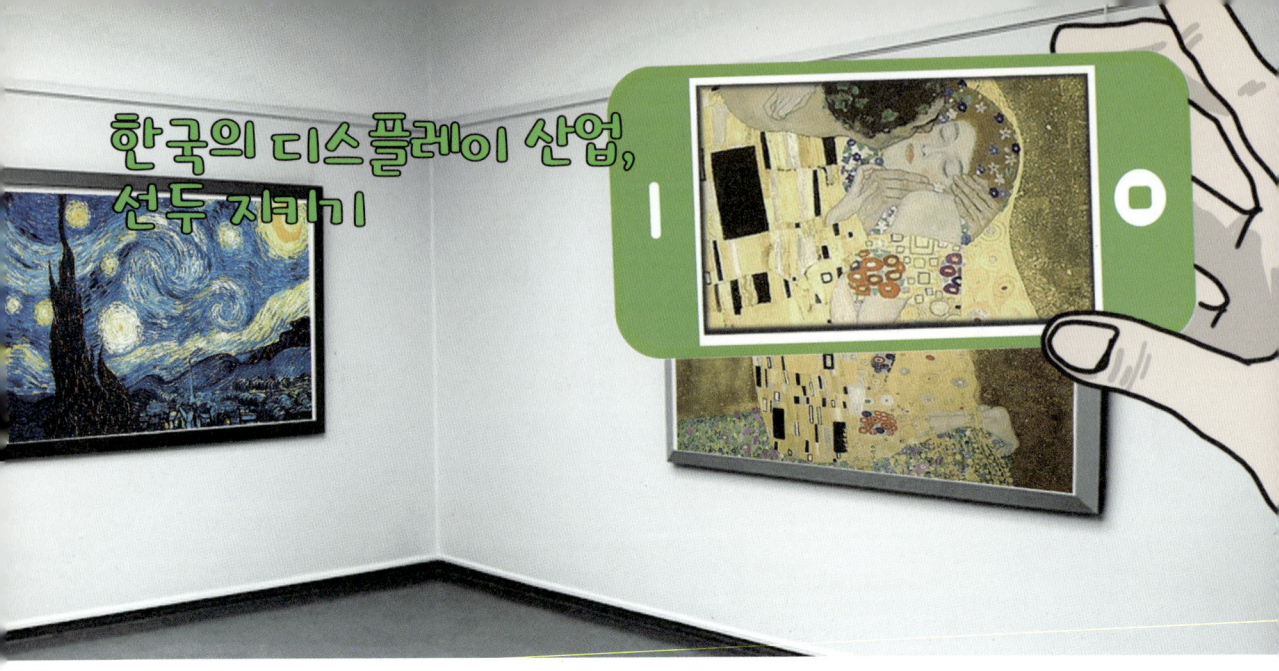

한국의 디스플레이 산업, 선두 지키기

　1990년대 초 일본은 디스플레이 선진국이었습니다. 한국과 대만은 각각 1995년과 1997년 무렵 일본의 디스플레이 기술을 도입하였습니다. 두 나라는 학습과 모방 등을 통해 기술을 획득하고 디스플레이 산업을 시작하였습니다. 2000년대에 들어서면서 한국은 생산량과 시장점유율에서 선두로 올라서고, 일본은 3위 아래로 추락하였습니다. 비슷한 시기 중국은 한국, 대만, 일본으로부터 디스플레이 기술을 획득하고 발전과 투자를 거듭하였습니다. 2019년 중국은 한국의 세계 1위 자리를 위협하고 있습니다. 정확히 표현하자면 LCD 분야에서는 1위로 등극하였으며, OLED 분야에서는 한국과의 간격을 좁혀 오고 있습니다. 중국의 발전과 일본, 대만의 견제로 인해 10여 년을 유지해 온 한국의 디스플레이 선두 자리가 위태롭습니다. 빠른 추격자 fast follower는 있는 길을 질주하면 되지만, 선점자 first mover는 없는 길도 만들어 가야 합니다. 한국의 디스플레이 앞길은 어떠할까요?

　해상도는 8K(가로 8,000라인), 1,000ppi를 넘어서고 있으며, 컬러도 이제는 눈으로 구별하기가 어려울 정도의 자연색을 구현합니다. 형태 form factor도 휠 수 있고 말 수 있고 접을 수 있는 디스플레이로 발전하고 있으며, 화면 크기도 TV로서도 충분한 크기인 100인치급에 육박하고 있습니다. 이제 선점자가 도약할 수 있는 길이 명확하지 않습니다. 성능면에서는 더 나아갈 길이 딱히 보이지 않고 발전의 여지도 작습니다. 형태나 크기면에서도 말 수 있는 폰, 접을 수 있는 TV, 늘리거나 줄일 수 있는 탄성 디스플레이 정도가 보일 뿐입니다. 유연하고 탄성이 있는 디스플레이를 구현하기 위한 세부 기술들이 아직 성숙되지 않았다는, 발전의 여지가 있기는 하지만 그다지 크지는 않습니다. 어느 정도 남아

있다고 해야 할까요? 결국은 응용 부분입니다. 최근까지 디스플레이는 모바일 기기(소형), PC의 모니터(중소형), TV(대형) 부문에 70~80퍼센트 이상이 사용되어 왔습니다. 하지만 성능의 한계가 없어지고, 형태를 다양하게 취할 수 있고, 화면의 크기도 1인치 이하부터 100인치 이상에 이르기까지 만들 수 있습니다. 이를 통해 새로운 응용 분야를 창출할 여지는 매우 크다고 할 수 있죠.

미지의 길은 이처럼 디스플레이의 응용 분야의 확대에 있다고 하겠습니다. 그에 따라 새로운 제안을 통해 시장을 확장하고 만들어 가는 것이죠. 이를 위해서는 수요자들의 소비 심리를 잘 분석하여 새로운 동기를 적극적으로 유도할 만한 분야를 만들거나 키우는 것입니다. 가능성 있는 몇몇 후보들을 살펴볼까요? 먼저, 예술용 디스플레이입니다. 구글의 'Arts & Culture' 프로젝트처럼 온라인 갤러리에 필요한 디스플레이로, 원본 그림의 색과 느낌을 고해상도로 재현할 수 있는 디스플레이입니다. 아니면 아예 복고풍으로 회귀하여 옛날을 장식하기에 알맞은 디스플레이도 좋을 것입니다. 다음으로, 4차 산업혁명의 주요 기반인 사물 인터넷Internet of Things, IoT에 알맞은 웨어러블 기기의 주요성을 높이는 디스플레이의 창출입니다. VR과 AR을 비롯하여 여러 착용형이나 부착형 기기들에 필요한 디스플레이가 지평을 넓혀 갈 것입니다. 또한 의료 현장에서 두 팔을 자유롭게 할 수 있는 HMD나 HUD 그리고 로봇 수술을 모니터링하기 위한 고정세 초정밀 디스플레이의 수요도 증가할 것입니다. 수요자의 욕구와 아이템에 최적화된 스마트 사이니지, 투명 디스플레이를 활용하는 스마트 윈도우는 새로운 문화를 만들어 갈 것입니다. 곡면과 유연성을 적극 활용할 수 있는 자동차용 디스플레이, 감성 조명, 시간과 계절, 공간에 따라 적합한 파장과 색온도를 제공하는 OLED 면광원 조명은 외려 디스플레이에 가깝습니다.

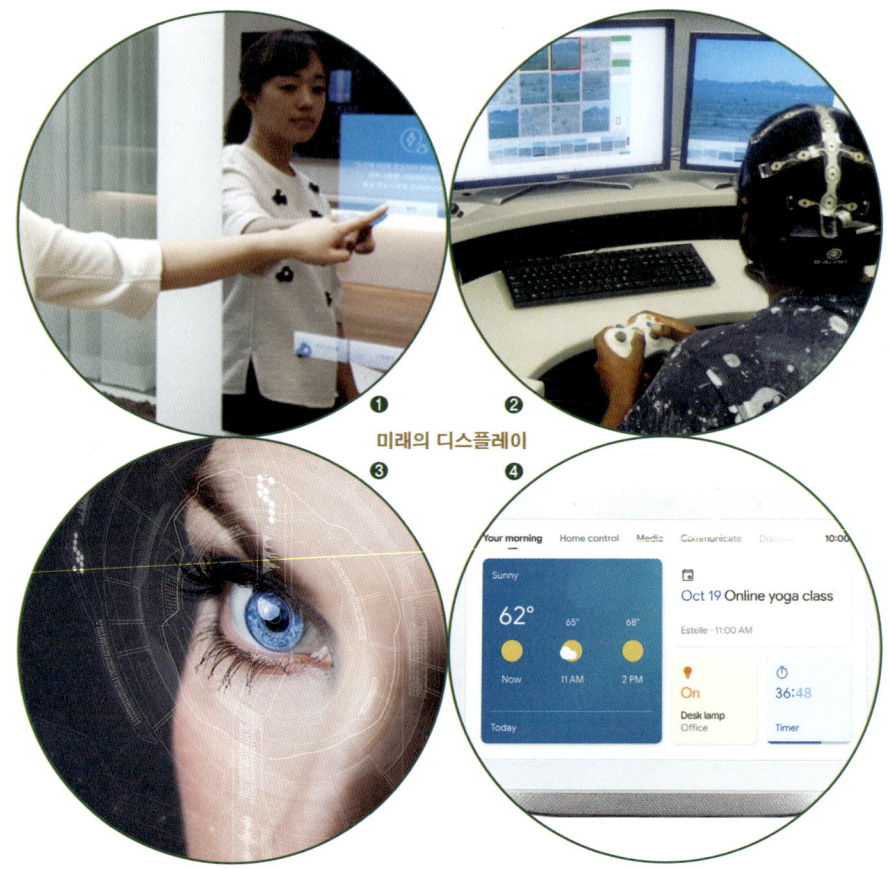

미래의 디스플레이

❶ 사용자의 위치와 환경에 알맞게 변화하는 디스플레이(Samsung C&T)
❷ 뇌파를 활용하여 가상현실을 보여 주는 디스플레이(The Verge)
❸ 콘텍트 렌즈를 통해 증강현실을 보여 주는 디스플레이(PerfectLens)
❹ 포스트 잇과 같이 메모를 하여 누구나 볼 수 있게 하는 디스플레이(The Verge)

더 미래로 나가 볼까요? 사람과 환경에 친화적인 디스플레이, 어떤가요? 사용자의 동작, 머무는 공간, 위치와 환경, 활용하는 콘텐츠에 걸맞도록 밝기와 화질, 형태까지도 변화할 수 있는 디스플레이, 소비 전력과 유해 물질면에서 환경보호에 최적인 디스플레이 말입니다. 뇌파와 연동하여 꿈을 보여 줄 수 있는 디스플레이, 콘텍트 렌즈나 스마트 타투tattoo처럼 인체와 일체화할 수 있는 디스플레이, 시력을 보정하거나 시력에 맞춘 초점 조절이 가능한 디스플레이도 생각해 볼 수 있습니다. '따로 또 같이'처럼 하나의 화면으로 여러 명이 여러 화면을 볼 수 있는 디스플레이는 고성능 지향성 스피커의 등장으로 훨씬 더 가능성이 높아졌습니다. 포스트잇과 같은 스티커나 티슈형 디스플레이는 식탁 위에 놓아 두는 생활형 디스플레이가 되겠죠. 그리고 4차원 디스플레이를 향하는 시도들, 예를 들어 사용자가 컬러나 해상도를 선택적으로 조절하고, 디스플레이 블록별로 소리와 향기를 조절하고 선택할 수 있는 디스플레이 등도 충분한 매력이 있습니다.

빠른 추격자와 거리를 두거나 따돌리기 위해 더 빨리 뛰는 것도 중요하지만, 찾지 못한 길을 찾고 없는 길을 만들어 가며 새로운 주법을 개발하는 것도 퀀텀 점프의 방법입니다. 그런 면에서 연구, 개발 부서나 생산 라인에서의 아이디어가 중요하겠죠. 다른 분야의 전문가들의 의견에서도 가치 있는 아이디어와 힌트를 얻을 수 있을 것입니다. 부디 한국의 디스플레이가 선두를 지키는 데 활용될 수 있기를 기대합니다.

더 생각해보기

- 만일 스스로가 디스플레이 개발자라면 어떤 디스플레이를 어떻게 개발할까?
- 만일 스스로가 디스플레이 회사의 CTO라면 디스플레이의 기술 로드맵을 어떻게 제시할 수 있을까?
- 디스플레이 산업에서 경쟁국 중국, 대만, 일본 등을 생각할 때, 한국이 가지고 있는 특징과 갖추어야 할 강점은 무엇일까?

컨트라스트

신의 빛 아래, 투명함과 밝음
인간의 빛 아래, 검은 적막함
12시간을 주기로 교차되는
밤과 낮, 극단의 컨트라스트

낮과 밤, 빛의 물가에 서면
물빛도 푸르게 검게 바뀌는데
느끼는 이미지들은 빛의 조화
신이 보내는 컨트롤 시그널

봄의 신록과 가을의 낙엽
여름의 비와 겨울의 흰눈
빛은 춘분 하지 추분 동지
우리는 봄 여름 가을 겨울

Contrast

is the difference in appearance of two or more parts of a field seen simultaneously or successively.
(brightness contrast, lightness contrast, color contrast, simultaneous contrast, successive contrast, etc.)